アクセンチュア株式会社
青柳雅之　鳥山智史
高橋悠輔　柿沼 力 著

独学合格

AWS

クラウドプラクティショナー認定

テキスト&問題集

JN039069

KADOKAWA

アクセンチュアの執筆陣が最短合格をナビゲート!

　本書は、部署内の人材育成に携わっているアクセンチュアのクラウドコンサルタントが執筆しています。多数のサービスやセキュリティの知識が問われるクラウドプラクティショナー試験を徹底分析。頻出ポイントをカバーしているため、最短で合格が目指せます。また、AWSクラウドに関してユーザーが疑問に思うポイントも踏まえて解説しており、効果的な学習ができる1冊です。

本書のポイント

1 エキスパートが試験を徹底分析

　執筆メンバーは、AWSに精通したクラウドコンサルタントです。本書のために、試験を徹底分析して執筆しています。合格ポイントを押さえた解説で、効率的に合格が目指せます。

2 オールインワンだから1冊で受かる

　わかりやすい解説と分野別の練習問題に加え、模擬試験が付属したお得な1冊です。豊富な問題数を収録しているため、1冊で合格ラインに達することができます。

3 図解が豊富でよくわかる

　クラウドプラクティショナー試験では、AWSクラウドの専門用語が頻出するため、理解が難しいサービスもあります。本書はできる限り図解で説明しており、確実に理解して読み進めることができます。

4 実務でも使える詳しい解説

　実務で活躍するAWSコンサルタントが各種サービスのポイントを踏まえて解説していることから、受験後も役立つ実践的な知識が身につきます。

3つのステップで合格レベルに!

STEP 1 通読して頻出テーマを理解する

最初は通読してAWSクラウドの概要を
つかみ、2回目以降で個別の特徴を理解す
るのが効率的な学習法です。各章の冒頭で
は、学習しやすいよう概要や重要度(A〜
C)を掲載しています。文中の「ワンポイ
ント」では、頻出ポイントやつまずきやす
いところを解説しています。

STEP 2 分野別の練習問題を解く

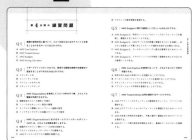

AWSクラウドの特徴が理解できたら、
各分野の練習問題を解いてみましょう。復
習することで、知識の定着度を高めること
ができます。

解けなかった問題は、該当部分の解説を
しっかり確認しておきましょう。

STEP 3 模擬試験で学習を完成させる

学習の総仕上げとして「第20章 模擬試験」に取り組んでくだ
さい。その時点での実力と合格のために学習すべきポイントの
確認ができます。復習で疑問点を解決すれば合格レベルの知識
が確実に身につきます。

 AWS認定クラウドプラクティショナーに合格!

はじめに

　本書はAWS（Amazon Web Services）が実施する「AWS認定クラウドプラクティショナー」試験の対策書籍です。

　AWSは、これまでほかのパブリッククラウドに先んじて市場を開拓してきました。開発者数、事例数において、いまだほかのパブリッククラウドを凌駕しています。そのため、クラウドエンジニアとしてパブリッククラウドの仕事を始めるにあたり、よいスタート地点に立つ方法は、まずはAWSを理解することだといえるかもしれません。AWS認定クラウドプラクティショナー試験は、キャリアの初期段階にある人々を対象としていることから、AWSクラウドの知識習得に適しています。

　試験では広範囲にわたるAWSサービスの知識が問われますが、実際にどのサービスが出題されるかは、AWSが公表している試験ガイドに定義されています。本書では、出題される各種サービスがどのような目的で使用されるのかを必要な範囲で解説しています。また、学習した知識の理解度を確認して定着を促すために、分野ごとおよび巻末に模擬試験を収録しています。十分な問題数を収録していることから、合格に向けた実力向上に資するはずです。

　今回の執筆メンバーは、アクセンチュア株式会社テクノロジーコンサルティング本部金融サービスグループのJ2C（Journey to Cloud）Task Forceで部署内のクラウド人材育成に携わっているメンバーを中心に構成しています。本書には、アクセンチュアのクラウド人材育成に関するメソッドが織り込まれており、AWSクラウドに関してユーザーが疑問に思うポイントも踏まえて解説を行っています。

　本書がAWSの膨大な知識の海に入り込むエンジニアの皆さんの道しるべとなり、無事合格を勝ち取っていただければ幸いです。

著者を代表して

アクセンチュア株式会社　青柳雅之

最短でわかるＡＷＳ認定

1 AWS認定とは

　AWS認定は、設計者向けの「AWS認定ソリューションアーキテクトーアソシエイト」から始まり、次第に認定資格数を増やしてきました。2023年12月時点では、難易度や領域が異なる12種類の認定が提供されています。

　アーキテクト／開発者／運用といったエンジニアの役割別認定においては、本書の対象ですべての認定の基礎となる「クラウドプラクティショナー」、実務を踏まえた専門知識が問われる「アソシエイト」、さらに上級資格の「プロフェッショナル」と、異なる難易度の認定が提供されています。

　一方、専門知識認定の難易度は、プロフェッショナルレベルと見てよいでしょう。

　クラウドプラクティショナー試験は、本書による学習で合格レベルの知識をカバーしていますが、実際には様々なサービスが浅いながらも幅広く出題されます。そのため、後ほど紹介する「AWSが提供している学習のためのリソース」も参考にして学習を進めてください。

■ AWS認定の全体像

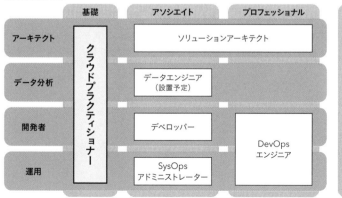

[役割別認定]　　　　　　　　　　　　　　　　　　　　　[専門知識認定]

	基礎	アソシエイト	プロフェッショナル	
アーキテクト	クラウドプラクティショナー	ソリューションアーキテクト		高度なネットワーク
データ分析		データエンジニア（設置予定）		データベース
開発者		デベロッパー	DevOpsエンジニア	セキュリティ
運用		SysOpsアドミニストレーター		機械学習
				SAP on AWS
				データ分析（廃止予定）

なお、すべてのAWS認定は3年ごとに再認定が必要となります。「プロフェッショナル」と「専門知識」の各種認定は、同じ認定を再受験することで、「クラウドプラクティショナー」「アソシエイト」の各種認定は、同じ認定の再受験もしくは上級の認定資格を取得することで再認定がなされます。また、「クラウドプラクティショナー」のみ、「AWS Cloud Quest：Cloud Practitioner再認定」の課題をクリアすることでも再認定が可能となっています。

　下表に、各認定の特徴をまとめています。

■ AWS認定の特徴

AWS認定	特徴
クラウドプラクティショナー	AWSクラウド、サービス、用語について、基礎的かつ高度な理解を有していることが問われる認定であり、すべての認定の基礎となる
ーアソシエイト	
ソリューションアーキテクト	幅広いAWSサービスにおけるテクノロジーに関する知識とスキルが問われる。コストとパフォーマンスが最適化されたソリューションの設計を目的とし、AWS Well-Architectedフレームワークに関する深い理解が求められる
データエンジニア（2024年4月受験開始予定）	コアデータ関連のAWSサービスのスキルと知識、データパイプラインの実装、問題のモニタリングとトラブルシューティング、ベストプラクティスに従い、コストとパフォーマンスを最適化する能力が問われる
デベロッパー	AWSにおけるコアサービス、使用、基本的なアーキテクチャのベストプラクティスに関する知識と理解およびAWSを使用したクラウドベースのアプリケーションの開発、デプロイおよびデバッグの習熟度が問われる
SysOpsアドミニストレーター	組織がクラウドイニシアティブを実施するためのスキルを有する人材を特定・育成するのに役立つ。AWSでのワークロードのデプロイ、管理、運用の経験が問われる
ープロフェッショナル	
ソリューションアーキテクト	クラウドアプリケーションの要件を評価し、アプリケーションのデプロイについてアーキテクチャに関する提案を行う能力が問われる
DevOpsエンジニア	AWSプラットフォーム上の分散アプリケーションシステムのプロビジョニング、運用、管理に関する技術的な専門知識が問われる

AWS認定	特徴
－専門知識	
高度なネットワーク	幅広いAWSのサービスに対応するネットワークアーキテクチャの設計・維持に関する専門知識が問われる
データ分析 （2024年4月廃止）	AWSデータレイクと分析サービスを利用することにより、データから洞察を得るための専門知識が問われる
データベース	最適なAWSデータベースソリューションを推奨、設計、維持するために必要な専門知識が問われる
機械学習	AWSで機械学習（ML）モデルの構築、トレーニング、チューニングおよびデプロイに関する専門知識が問われる
セキュリティ	AWSクラウド上でのセキュリティソリューションの作成・実装に関する知識が問われる
SAP on AWS	AWSにおけるSAPワークロードの設計、実装、移行および運用に関する専門知識が問われる

2 AWS認定クラウドプラクティショナー

AWS認定クラウドプラクティショナー試験は、役職を問わず「**AWSクラウドに関する総合的な理解を効果的に実証できる個人**」を対象として、次の受験者の能力を検証するものです。

- ・AWSクラウドの価値を説明する
- ・AWSの責任共有モデルを理解し、説明する
- ・セキュリティのベストプラクティスを理解する
- ・AWSクラウドのコスト、エコノミクス、請求方法を理解する
- ・コンピューティングサービス、ネットワークサービス、データベースサービス、ストレージサービス等AWSの主要なサービスを説明し、位置づける
- ・一般的なユースケース向けのAWSサービスを特定する

受験対象者は、「AWSクラウドの設計、実装、オペレーションの経験が6カ月まで」とされており、AWSクラウドに関するキャリアの初期段階の人、AWSクラウドで役割を担う人々と一緒に仕事をしている人等、IT以外のバックグラウンドを持つ、これからAWSクラウドの理解を深めたい受験者に適しています。

試験はコンピュータ上で受験するCBT（Computer-Based Testing）方式によって行われます。試験概要は次の通りです。

■ 試験の概要

実施形式	CBT（Computer-Based Testing）
試験時間	90分
問題数	65問（うち15問は採点対象外）
合格基準	700点（100〜1,000点で採点）
問題形式	・択一選択問題（正しい選択肢を1つ選択） ・複数選択問題（5つ以上の選択肢から2つ以上選択）
言語	英語、日本語、韓国語、中国語（簡体字）など
受験料	100USD

なお、2023年9月19日から試験のバージョンが変更となり、CLF-C02試験として実施されています。本書は最新の**CLF-C02試験**に対応した内容となっています。

受験者は、**AWSクラウドに関するコンセプト、セキュリティとコンプライアンス、主要なサービス、クラウドエコノミクスの知識を持っている必要が**あります。ただし、コーディング、クラウドアーキテクチャ設計、トラブルシューティング、実装、負荷テストとパフォーマンステストといった職務に関するタスクは試験範囲外となっています。

■ 試験範囲

	分野	重み
第1分野	クラウドのコンセプト	24%
第2分野	セキュリティとコンプライアンス	30%
第3分野	クラウドテクノロジーとサービス	34%
第4分野	請求、料金、およびサポート	12%

認定試験への申込みは、AWS認定のページにサインインを行い、AWS認定アカウントでログインして所定の手続きを行うことで完了します。料金や受験の条件等は、事前に必ず確認しておきましょう。

URL https://www.aws.training/certification

合格への効果的な学習法

1 本書を活用した学習

　本書は、最短での合格を可能にするため、シラバスに沿って頻出のテーマや試験で問われるポイントを解説しています。では、どのように学習すれば短期間で効率よくクラウドプラクティショナー試験に合格することができるでしょうか。本書では、次の3ステップの学習方法を提案します。

① 解説を一通り読んで全体像を把握する

　すでに知識のあるテーマは読み飛ばして構いません。まずは一読して、どのようなテーマやサービスが試験で問われるのかをつかむようにしましょう。頭の中にインデックスを作成することで、理解中心の学習を進める際に、数多くのサービスの特徴について整理しやすくなります。

② 内容を深く理解し、練習問題を解く

　次に、解説を読み込んでAWSクラウドの理解を深めていきましょう。本書に掲載されている内容は、必修テーマですので、確実に理解して学習を進めるようにしてください。ある程度理解が深まれば、次は分野ごとに用意された練習問題を解いて、学習内容が理解できているか確認しましょう。選択肢を間違えたり、知識があやふやなまま解答した問題は、解説に戻って該当箇所を再確認しましょう。

③ 模擬試験で試験に慣れ、復習する

　最後は模擬試験を利用して学習を完成させましょう。まずは実力チェックのため、本試験と同じ時間で問題を解いてみます。解き終われば、間違えた問題を中心に解説を読み込んで、知識を確実に定着させましょう。最終的には、各サービスの特徴をいかに理解しているかが合格のカギとなります。理解を深めるためには、後述の学習リソースで自分が興味を持ったものを中心に取り組むとよいでしょう。また、テキストや問題演習で出てきたサービスを自分で調べ

ることで、知識の幅を広げて実務に役立てたり、上級試験に対応可能な知識を身につけることもできます。

2 AWSが提供している学習のためのリソース

AWSは学習を行うにあたって、有効なリソースを多数提供しています。これから紹介するリソースは、クラウドプラクティショナー試験の範囲を超えるものもありますが、実務では必須とされるものもあることから、ここで紹介します。

■ AWS Cloud Practitioner Essentials（Japanese）

AWSクラウドを全般的に理解したい人に向けた動画です。コーヒーショップを例として楽しみながら学べるよう構成されています。合計6時間の動画ですが、飽きさせない工夫が凝らされており、AWSクラウドの概念、AWS のサービス、セキュリティ、アーキテクチャ、料金、サポートについて知識を深めることができます。

■ Exam Prep:AWS Certified Cloud Practitioner （CLF-C01）（Japanese）

「AWS Cloud Practitioner Essentials（Japanese）」と比べて、より試験を意識した内容で構成されている解説動画です。インストラクターが試験における各ドメインの様々なトピックを説明し、認定問題のサンプルを確認して対策を学びます。各ドメインの理解度を確認するのに適しているコンテンツで、合計3時間になります。刊行時点では、旧CLF-C01試験版が公開されており、字幕版や実写版があります。

■ AWS Certified Cloud Practitioner Official Practice Question Set （CLF-C02-Japanese）

AWS公式によるCLF-C02バージョン試験に対応した問題集です。合計20問の問題が掲載されており、実際の認定試験に準拠しています。無料で解ける貴重な公式問題であることから、一度は解いておきましょう。

■ AWSクラウドサービス活用資料集

通称、「Black Belt」と呼ばれています。毎週、週の半ばくらいにサービス単位でオンラインセミナーがAWSから提供されていますが、そこで使われる資料や動画が公開されています。AWSが提供しているすべての膨大なドキュメントを最初から読むのは大変ですが、Blackbeltはわかりやすくまとめられています。サービスの概要を短時間でつかむのに有益です。

`URL` https://aws.amazon.com/jp/aws-jp-introduction/

■ よくある質問

各サービスには「よくある質問」が提供されています。これは問合せが多いと想定される質問と回答の集まりです。業務で疑問に感じることや、お客さまに質問される内容が多いと考えられますので、目を通しておいた方がよいでしょう。

`URL` https://aws.amazon.com/jp/faqs/

■ AWSホワイトペーパーとガイド

技術資料であるホワイトペーパーやガイドも重要なリソースです。ただし、量が膨大なため、クラウドプラクティショナー試験の合格を目標にする場合は、すべてを読む必要はありません。興味のある所を読めばよいでしょう。業務に携わる場合は、なるべく目を通しておくことをおすすめします。

`URL` https://aws.amazon.com/jp/whitepapers/

3 合格後の指針

AWS認定クラウドプラクティショナーの合格後は、どの試験に挑戦すべきでしょうか？ AWS認定のサイトでは、「よくある質問」としてこの問いに対し、「他のクラウドプロフェッショナルは、クラウドアーキテクト、クラウドエンジニア、デベロッパー、システム管理者としての役割をさらに進めるために、AWS認定ソリューションアーキテクト – アソシエイト、AWS認定デベロッパー – アソシエイト、AWS認定システムオペレーション（SysOps）アドミニストレーター – アソシエイトの認定資格を取得しています。」としており、役割別の上級資格であるアソシエイトレベルの各種認定の取得を推奨しています。

目次

第1分野 クラウドのコンセプト

第 1 章 AWSクラウドの利点 1

第 2 章 AWSクラウドの設計原則 15

第 3 章 AWSクラウドへの移行の利点と戦略 21

第 **1** 章

AWSクラウドの利点

重要度 A

　AWSはパブリッククラウドとして位置づけられるクラウドコンピューティングサービスです。この章では、クラウドの種類やAWSの特徴等の基本について解説します。

1 クラウドの種類

　従来、企業内で使用するメールや業務アプリケーション等は、データセンターと呼ばれる自社の施設に自社が保有する物理的なサーバー等を配置して稼働させるのが主流でした。このような自社でITインフラストラクチャを保有し、運用管理する形でのシステム運用をオンプレミスといいます。オンプレミスでは、これまで**サーバーの保守、サポート期限切れに伴うサーバーの入れ替え作業、アプリケーションのインストール等が組織のIT部門の大きな負荷に**なっていました。

　それに対し、近年主流となっているのは、サーバーやネットワークといったITインフラストラクチャのリソースを複数のユーザーと共有する形で提供するサービスです。これを**クラウド**といいます。

　クラウドの中でも特定の組織が専有する形で提供されるものを**プライベートクラウド**といいます。プライベートクラウドには、運営企業が特定の組織に提供する形や本社IT部門がグループ会社に提供する形等があります。プライベートクラウドでは、これらの運営主体がITインフラストラクチャを保有し、その運用管理を一手に担います。企業が自らITインフラストラクチャを保有するオンプレミスとは、この点で異なります。

　ただ、プライベートクラウドも万能ではなく、利用する企業にはいくつかの課題が残りました。それは、運用の多くをプライベートクラウド側に任せているため、何らかの更新作業を依頼した場合に**更新までの時間が長くビジネスの要求を満たせない、作業コストが高い、最新技術が迅速に導入されないこと**等です。

　プライベートクラウドの課題を一定程度解決してくれるのが**パブリッククラウド**です。

　パブリッククラウドがオンプレミスやプライベートクラウドと大きく異なる点は、仮想環境で構築されたITインフラストラクチャが論理的に複数の組織に分割して提供されていることです。ここで組織とは、全く業務上つながりのない企業を指します。

　パブリッククラウドはユーザーがブラウザやコマンド経由で自由に自分の好きなタイミングでサーバー等のリソースを立ち上げることが可能であり、運営主体に依頼をする必要はありません。そして、プライベートクラウドよりも新技術が高頻度で提供されるのも特徴です。

　また、**多数の組織間でITインフラストラクチャを共有するため、プライベートクラウドよりも規模の経済が働き、より低コストでサービスを提供することができます。**組織間でITインフラストラクチャを共有していても、論理的なセキュリティ境界によって、仮想化されたITリソースには相互にアクセスできず、セキュリティも確保されています。

　仮想化技術を用いると、物理的なハードウェアをベースとして、ソフトウェアで構築や変更、削除ができるサーバー、ネットワーク、ストレージを提供することが可能です。ハードウェアはユーザーからは見えませんが、物理環境上に多くの仮想化されたITリソースを稼働させることができるため、物理環境のキャパシティを有効活用できます。最近では、この仮想化技術はオンプレミスやプライベートクラウドでも多く利用されています。

■ 仮想化技術

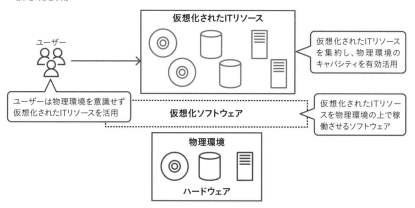

　なお、オンプレミスで稼働しているアプリケーションの中には、**組織のセキュリティポリシーでデータをパブリッククラウドに配置できない、パブリッククラウドでの稼働をそのアプリケーションの開発元がサポートしていない等の理由で、オンプレミスのシステムをすべてパブリッククラウドに移すことができないケースも多くあります。**そこで、多数のシステムを持つ大企業では、

オンプレミスやプライベートクラウド、およびパブリッククラウドを組み合わせて活用しており、このように複数の種類のクラウドで構成されたITインフラストラクチャを**ハイブリッドクラウド**といいます。

■ クラウドの種類

| オンプレミス | プライベートクラウド | パブリッククラウド | ハイブリッドクラウド |

自社が保有するITインフラストラクチャ

プライベートクラウド運営企業がその企業ごとに専有のITインフラストラクチャを提供

ITインフラストラクチャを複数企業・組織が共有、従量課金、新機能の高頻度リリース

オンプレミス、プライベートクラウド、パブリッククラウドの組合せ

自社のデータセンター

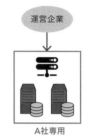

組織のセキュリティポリシーやアプリケーションの稼働の制約のためパブリッククラウドに移行不可

運営企業

A社専用

組織が運営企業にITの運用を委任

パブリッククラウドベンダーデータセンター

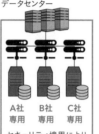

A社専用 B社専用 C社専用

セキュリティ境界により他組織のリソースにはアクセスできない

オンプレミス

＋

パブリッククラウド

＋

プライベートクラウド

各クラウドのメリットを享受

| ワンポイント |

試験対策としては、サービスモデルの種類と特徴を理解しましょう。

2 3つのサービスモデルの比較

　先ほどはクラウドの種類を見てきましたが、ここでは、クラウドコンピューティングのサービスモデルを見ていきます。クラウドのサービスモデルは、一般的に①IaaS、②PaaS、③SaaSに分類されます。CaaS（Container as a Service）やFaas（Function as a Service）等のほかの分類もありますが、ここでは代表的な3つの分類について言及します。顧客の運用管理負荷がSaaS側

に近づくにつれて軽減される仕組みになっています。

■ IaaS

IaaS（Infrastracture as a Service）では、ユーザーは仮想サーバーやストレージ、ネットワーク等の物理的なインフラストラクチャを所有することなく、必要な時に必要な分、利用することができます。そのため、ユーザーは、提供された環境に任意のアプリケーションやOSを導入して、利用することができます（AWSでは、Amazon EC2等がIaaSに該当）。

IaaSは、特にスケーリングや可用性等の柔軟性が求められる場合に有効なサービスとして利用されています。インフラストラクチャに関わるコストを削減することができるため、多くの企業が利用しています。

■ PaaS

PaaS（Platform as a Service）は、アプリケーションを開発・実行するためのプラットフォームを提供するサービスモデルのことです。プラットフォームの提供により、顧客はアプリケーションの開発に集中することができます。プラットフォームの具体例として、開発言語やフレームワーク、データベース、Webサーバー、ストレージ等があります。PaaSは、特にアプリケーションの開発において開発者が煩雑なインフラストラクチャの管理から解放され、アプリケーション開発に集中できるため、多くの開発者に利用されています。また、PaaSを利用することでアプリケーションの開発にかかるコストを削減することができるため、多くの企業が利用しています（AWSでは、Amazon RDS等がPaaSに該当）。

■ SaaS

SaaS（Software as a Service）は、アプリケーションをインターネット上で提供するサービスのことです。SaaSでは、顧客はWebブラウザ等のクライアントソフトウェアを利用して、インターネット上にあるアプリケーションにアクセスすることができます。具体的には、メールアプリケーションやCRM（顧客管理）アプリケーション、会計ソフトウェア等があります。顧客は、これらのアプリケーションを利用するためのソフトウェアやハードウェアを所有する必要がなく、必要なときに必要なだけ利用することができます。SaaSを

提供する主要な企業には、Salesforce、Microsoft、Google、Dropbox等があります。特に小規模の企業や個人にとって、アプリケーションを所有するためのコストを削減することができるため、多くのユーザーに利用されています。また、SaaSを利用することにより、アプリケーションの利用に必要なソフトウェアやハードウェアの管理負担を軽減することができるため、多くの企業が利用しています。

■ 3つのサービスモデルのイメージ

IaaS	PaaS	SaaS
アプリ&データ	アプリ&データ	アプリ&データ
データベース	データベース	データベース
実行環境	実行環境	実行環境
ミドルウェア	ミドルウェア	ミドルウェア
OS	OS	OS
仮想化基盤	仮想化基盤	仮想化基盤
サーバー	サーバー	サーバー
ストレージ	ストレージ	ストレージ
ネットワーク	ネットワーク	ネットワーク

ユーザー管理　　クラウドベンダー管理

| ワンポイント |

試験対策としては、サービスモデルの種類と特徴について理解しましょう。

3 パブリッククラウドのエコノミクス

　パブリッククラウドのエコノミクスとは、パブリッククラウドへの投資効果をどのように考えるかということであり、ここでいう投資効果は、**財務効果**と**非財務効果**に分けて考えることができます。

　財務効果とは、いわばコスト削減効果です。オンプレミスのように自社でハードウェアを用意するとハードウェアの保守期間があることから、数年ごとにハードウェアの更新が必要です。また、台数が増加すると部品の交換等の管理コストも高くなります。**パブリッククラウドはこのような運用作業の多くからユーザーが解放されるため、一般的には運用コストが下がります。**

　財務効果を考えるうえでは、従量課金もコスト低下には重要です。従量課金は、ユーザーが必要なときに必要な時間分の料金を払えばよい仕組みです。**利用していない時間帯は停止することで余計な課金を避けることができます。**

　次に、非財務効果について考えます。

　オンプレミスではキャパシティ計画を立案する労力やハードウェアの調達にもリードタイムがかかります。一方、パブリッククラウドでは、**利用のピークに合わせて必要なキャパシティに見合うITリソースを短時間で用意することができます。**

■ パブリッククラウドにおける柔軟なITリソースの調達

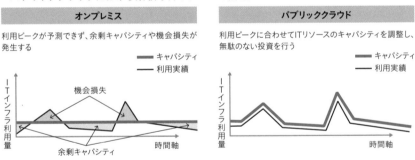

　また、オンプレミスではITインフラストラクチャを自社が保有するため、設備投資が必要でした。資本を投下して設備を取得しますが、価値を維持するための修繕費も含む支出です。これを**CAPEX**（Capital Expenditure：資本的支出）といいます。CAPEXは設備の価値や耐用年数を増加させるための支出となります。

　他方、パブリッククラウドでは従量課金でITリソースを利用することが基本となるため、不要なITリソースは停止すれば課金されず、利用コストを減らすことができます。

　パブリッククラウドでは設備の取得のための初期費用や修繕費は不要とな

りますが、実際にこれらは従量課金に含まれており、運用のコスト、**OPEX**（Operational Expenditure：運用維持費）といえます。OPEXは、ITインフラストラクチャを継続して運用するための費用です。つまり、パブリッククラウドの導入で**CAPEXからOPEXへの移行が可能になり、コストを削減することが可能になります。**

　以降では、注釈がない限り、クラウドといえば、パブリッククラウドのことを指します。

■ CAPEXからOPEXへ

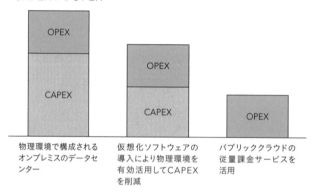

| 物理環境で構成されるオンプレミスのデータセンター | 仮想化ソフトウェアの導入により物理環境を有効活用してCAPEXを削減 | パブリッククラウドの従量課金サービスを活用 |

4　クラウドの設計概念

　クラウドにおける設計のベストプラクティスとは、クラウドの仕組みに起因する様々な制約とメリットを受け入れながら、ビジネスの要求に沿ったシステムをいかに構築するかのノウハウとなります。

　AWSクラウドにおける設計の基本原則については、次の章で説明します。

5 AWSとは

　AWSとは、アマゾンが提供するパブリッククラウドである**Amazon Web Services**（以下、AWS）のことであり、Amazon.comの関連会社です。

　Amazon.comでは、自社ショッピングサイトを稼働させるためのマシンを仮想化基盤に構築していますが、ここで余ったコンピューティングリソースを外部の顧客に貸してはどうかというアイデアを起点として、AWSが誕生しました。

　Amazon.comでは、良い品を安く売り、多くの顧客の満足を得ています。そして取引量が増加し、パートナー企業が増加します。こうした規模の経済によって、さらに安く商品を提供することができ、薄利多売のビジネスモデルを基盤としています。AWSも同様の思想を持っており、サービスの提供開始以来、クラウドの運用を常に改善して多くの値下げを繰り返してきました。また、「地球上でもっともお客様を大切にする企業」として、顧客からのフィードバックを活かすことで、新機能の導入を図っています。

■ Amazon.comのビジネス

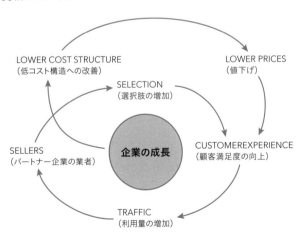

9

6 AWSで提供される主なサービス

　AWSは、多数のサービスを提供しており、日々新しいサービス開発を行っています。AWSの各サービスは単独で利用することも可能ですが、複数のサービスを組み合わせて利用することで、実現可能なソリューションの幅が広がります。AWSでは、主に「コンピューティングサービス」「ストレージサービス」「データベースサービス」「ネットワークサービス」等を展開しています。

■ コンピューティングサービス

　AWSが提供する**コンピューティングサービス**の代表例として、**Amazon Elastic Compute Cloud（EC2）**があげられます。EC2は、AWS上で稼働する仮想マシンを提供するサービスで、要件に応じてLinuxやWindows等のOSを自由に選択でき、任意のアプリケーションを展開することが可能です。ほかには、負荷に応じて仮想マシンの台数をスケールアウト・スケールインする Amazon EC2 Auto Scaling等のサービスがあります。

■ ストレージサービス

　AWSが提供する**ストレージサービス**の代表例として、**Amazon Elastic Block Store（EBS）**や**Amazon Simple Storage Service（S3）**、**Amazon Elastic File System（EFS）**等があります。EBSは仮想マシンのボリュームを提供するサービス、S3は各種データの保存場所を提供するサービス、EFSは各種ファイル共有を行うサービスです。

■ データベースサービス

　AWSが提供する**データベースサービス**の代表例には、**Amazon Relational Database Service（RDS）**や**Amazon DynamoDB（DynamoDB）**、**Amazon Aurora（Aurora）**等があります。RDSはSQLデータベースであり、DynamoDBはNoSQLデータベースです。AuroraはMySQLやPostgreSQL等のデータベースエンジンと互換性があるデータベースサービスです。

■ ネットワークサービス

AWSが提供する**ネットワークサービス**の代表例として、Amazon Virtual Private Cloud（VPC）やAmazon CloudFront等があげられます。VPCは、AWS上に仮想プライベートネットワークを構築し、CloudFrontは、Webコンテンツのキャッシュサーバーとしてのサービスを提供しています。

| **ワンポイント** |

試験では、様々なAWSのサービスが出題されます。最低限、本書に記載されているサービスの名称と、概要について理解しておきましょう。

---

7 ┃ AWSクラウドを活用する メリット

AWSクラウドを活用することで、オンプレミスを活用した場合と比較して、いくつかのメリットを享受できます。ここでは、代表的なAWSクラウドのメリットを紹介します。

■ コスト削減

オンプレミスの場合は、ITインフラストラクチャを運用するためにデータセンターの構築、物理的な機材の購入等を行う必要があり、途中で使用しなくなったとしても、初期投資を行っているため、簡単に廃棄することができません。一方、AWSの場合は、**顧客の利用状況に応じたリソース調整（サーバースペック・台数の調整等）が可能で、リソースを利用した量と時間に応じて課金される従量課金制である**ため、必要以上に課金されるリスクを防ぐことができ、コスト最適化が可能です。

■ 高いセキュリティ水準を維持

AWSでは、ビジネス上重要なデータを保護するため、高いセキュリティ水準が維持されています。物理的なインフラストラクチャだけでなく、仮想化さ

れたプラットフォームに対してもセキュリティ対策が施されています。AWSでは、様々なセキュリティ対策の団体のコンプライアンスプログラムやセキュリティ水準に対応しており、さらに第三者機関からの監査も受けています。また、顧客自身もAWSのサービスを活用して、**ユーザーのアクセス制御、データ暗号化、脆弱性チェック**等の様々なセキュリティ対策を実施することができます。

■ 高いスケーラビリティをサポート

　AWSでは、顧客のビジネス状況に応じて、サーバーの性能や台数、ストレージ容量等を調整でき、ビジネスの拡張・縮小に応じた対応が可能です。例えば、AWSの顧客がECサイトを展開するビジネスを考えます。通常時は、1時間あたりのECサイトの閲覧人数が最大でも1000名程度でしたが、セール時には1時間あたりのECサイトの閲覧人数が最大で10000名以上になったとします。この顧客がオンプレミス環境でこのECサイトを展開していた場合、サーバースペック・台数の拡張、ネットワーク回線の強化等に数カ月近くかかる可能性があります。一方で、AWSの場合は、Auto Scalingで需要に応じたサーバー台数の増減に即座に対応できたり、適宜EC2のインスタンスタイプを変更できたりと、高いスケーラビリティをサポートしています。

■ グローバル展開

　AWSは世界中にリージョンと呼ばれるデータセンターが集まった拠点を展開しています。そのため、グローバルにビジネスを展開する場合にも、AWSを利用することができます。AWSのグローバルネットワークを活用することも可能であるため、安定した品質でグローバルにサービス展開することができます。

■ 規模の経済性

　AWSは世界中に多数の物理的な拠点を展開して、データセンターやサービスを運用しています。日々AWSの利用者は増え続けていますが、**AWSはサーバーやストレージ等の機材を大量購入し、大量のクライアントに対してサービス提供を行う規模の経済性を活かして、**顧客がインフラストラクチャに対して支払うコストを抑えています。また、AWSでは、継続的にサービスの値下げを行い、顧客満足度を高めています。

■ 信頼性

　AWSにおける信頼性は、**サービス継続性、データ保護性、パフォーマンス**の3つの要素で構成されています。まず、サービス継続性ですが、AWSはサービスを継続するために世界中に多数のデータセンターを保有しており、リージョンやアベイラビリティーゾーンを設定することで、障害発生時にもサービスを継続可能な状態にしています。

　また、データ保護性ですが、AWSはデータ保護性を確保するためにデータのバックアップや暗号化、アクセス制御等のセキュリティ対策を実施しています。また、AWSのセキュリティは、継続的に監視・改善されており、高いセキュリティ水準を維持しています。

　最後に、パフォーマンスについて説明します。AWSは、高速で安定したネットワーク環境を提供することで、顧客に高いパフォーマンスのサービスを提供しています。また、必要に応じてリソースをスケールアウト・スケールインすることが可能であるため、トラフィックの急増にも対応できます。

■ 可用性

　AWSにおける可用性は、サービスが利用可能な時間の割合を示す指標です。例えば、単一リージョンでは複数のアベイラビリティーゾーンを設定することでサービスを高い可用性で提供しており、99.99%の可用性を目指しています。

　リージョンやアベイラビリティーゾーンを利用してシステムを冗長化することで、地震や洪水等の自然災害のリスクを低減することができます。

■ 伸縮性

　AWSにおける伸縮性は、リソースの増減に柔軟に対応することができる能力を示す指標です。AWSは必要に応じてリソースをスケールアウト・スケールインできるため、伸縮性の高いサービスを提供しています。高い伸縮性を実現するために、トラフィックが急増した際に自動的にEC2インスタンスの数を増加させるAuto Scalingや適切な負荷分散、ストレージの自動拡張、リージョンやアベイラビリティーゾーンの利用等の取り組みを実施しています。

■ 俊敏性

　AWSにおける俊敏性は、システムの迅速な変更・改善に対応する能力を示

す指標です。クラウドネイティブのアーキテクチャを採用することで、迅速な
システム構築・運用が可能となり、俊敏性の高いクラウドサービスを提供して
います。高い俊敏性を実現するために、AWS CloudFormation を活用したイ
ンフラストラクチャの自動化や AWS CodePipeline や AWS CodeDeploy 等を
活用した DevOps の導入、AWS Lambda（Lambda）や Amazon API Gateway
を活用したサーバーレスアーキテクチャの活用、オンデマンドリソースの活用
等の取り組みを実施しています。

| **ワンポイント** |

試験では、クラウドを活用するメリットについてよく問われます。可用性、
伸縮性、俊敏性等の内容を理解しておきましょう。

第 **2** 章

AWSクラウドの 設計原則

重要度B

AWSを単にオンプレミスの代替として扱い、従来通りの運用や
アーキテクチャ設計を続けるだけでは、クラウドコンピューティン
グによるメリットを享受することはできません。この章では、クラウ
ドコンピューティングの利点を最大限に活用するためのアーキテク
チャ設計の基本原則について解説します。

1 AWSにおける クラウド設計原則

AWSでは、適切なクラウドアーキテクチャを設計するにあたって、設計原則を意識する必要があります。**設計原則**とは、変更に強く、柔軟な設計を行うことにより、ソフトウェアやネットワーク等の再構築を防ぐための取り組みのことです。また、良い設計を行うために欠かせないルールともいえます。

■ Design for Failure

AWSに限らず、どのようなサービスでも障害は起こり得ます。そのため、いつ発生するかわからない障害に備え、常時サービスを稼働し続けられるように冗長化等の対応が求められます。こうした障害に備えた設計思想を **Design for Failure** といいます。自然災害等でサービスが止まらないように、複数のリージョンやアベイラビリティーゾーンを利用したり、単一障害点を排除したりするように設計します。障害に備えた設計の例としては、次の事例があげられます。

■ Design for Failureの取り組み事例

取り組み例	概要
単一障害の排除	障害発生時に単一の機材やサービスが停止した場合、システム全体が停止してしまう要素を単一障害と呼ぶ。具体的な取り組みとしては、2台以上のサーバーを使用して高可用性を維持し、1台のサーバー停止がシステム全体の停止に直結しないようにする等
障害の検出・監視	障害を監視・検出する仕組みを事前に構築しておく。例えば、Amazon CloudWatchを利用してログを自動監視し、閾値を超えた場合は通知する等のルールを決めておく等の方法があげられる
複数のデータセンターを活用した自動復旧	自然災害等でデータセンターが被災した場合に備えて、複数のデータセンターを用意し、災害時に自動で復旧できるようにしておく
永続ストレージの活用	機密性の高い重要なデータの損失を防ぐために外部ストレージや冗長化されたストレージ等を活用してデータを永続的に保存できるようにする
スケーラビリティの活用	クラウドの特徴であるスケーラビリティを活用して、障害が検知された場合に自動でサーバーを復旧させたり、トラフィックの増加を事前に検知した場合にサーバー台数を一時的にスケールアウトしたりすることが可能

■ 疎結合化を意識した設計

Design for Failureの考え方として、1つの機能が停止しても、システム全体は稼働状態にあることを基本としています。そのために、複数の機能が相互に依存していない状態、つまり疎結合な状態が理想とされています。

疎結合とは、「**2つ以上の要素が相互に依存せず、独立している状態**」を指します。別の言い方をすれば、「部分的な入れ替えや変更が行いやすく、結合先が利用できない場合でも自身は影響を受けにくい」状態です。

反対に、対義語である密結合とは、「**2つ以上の要素が相互に強く結び付いている状態**」を指します。障害に備えた設計を行うためには、密結合な箇所を排除し、疎結合を意識した構成を心掛ける必要があります。

■ 同期処理と非同期処理を選択する

データ処理を同期処理または非同期処理にするかについても考慮が必要です。

同期処理ですが、「**処理を依頼する側が相手の処理結果を待つ必要がある**」処理方法のことを指します。一方で、非同期処理は、「**相手の処理結果を待たずに自分の処理を継続させる**」処理方法です。クラウド設計を行う際には、すべてのデータ処理を行うのに非同期処理にする必要はありませんが、システムのパフォーマンス向上を重視する必要がある場合、処理結果を待たない非同期処理を選択した方が、良い設計となる場合が多いです。

■ 並列処理を意識する

並行処理は、複数のサーバーを同時稼働させて、同時に処理を行い、システム全体のパフォーマンスを向上させる処理方法です。例えば、1台のサーバーで100個のデータを処理するのに100時間かかると仮定します。この場合、100台のサーバーで処理すれば、1時間で完了する可能性があります。反対に、1台で複数の処理を時間をかけて順番に行うような処理を逐次処理と呼びます。基本的にシステム全体のパフォーマンスを向上させる場合は並列処理を採用しますが、前の処理結果を次の処理結果で使用するような場合は、無理に並列処理を選択せず、逐次処理を検討しましょう。

■ コンテンツに応じた配置を意識する

　動的な処理が求められるコンテンツをクラウドのコンピュータ側に配置し、静的なコンテンツはクライアント側に配置する等、AWSのベストプラクティスに沿って、コンテンツの配置を意識します。

─── | ワンポイント | ───

AWSを利用するうえでは、Design for Failureの考え方を正しく理解することが重要です。

2　AWS Well-Architected Framework

　AWS Well-Architected Frameworkは、これから設計するシステム、もしくは稼働中のシステムに対して、クラウドのベストプラクティスに適合しているかどうかを判断するための観点として、①オペレーションエクセレンス、②セキュリティ、③信頼性、④パフォーマンス効率、⑤コスト最適化、⑥持続可能性の6つの柱を定義しています。

　AWS Well-Architected Frameworkはこの6つの柱とクラウド活用の設計原則、「質問と回答形式（チェックリスト）」をまとめたベストプラクティス集となります。

　AWS Well-Architected Frameworkの6つの柱を説明します。

① **オペレーションエクセレンス（運用の優秀性）** では、AWS上に構築されたシステムがビジネス価値をもたらすために、システムの実行とモニタリング、および**継続的に運用のプロセスと手順を改善すること**に焦点を当てています。
② **セキュリティ**では、AWS上に構築された**システムを保護すること**に焦点を当てています。データの機密性や権限管理等に関するトピックが含まれます。
③ **信頼性**では、AWS上に構築されたシステムが**ビジネスの要求に応えるための障害の防止や迅速に障害から復旧する**ための能力について焦点を当てて

2 AWS Well-Architected Framework

います。例えば、インフラストラクチャまたはサービスの中断から復旧したり、需要に合わせて動的にコンピューティングリソースを取得したりするような能力等が該当します。

④ **パフォーマンス効率**では、AWS上に構築されたシステムが**効率的にコンピューティングリソースを利用しているか**に焦点を当てています。ワークロードへの需要に応じた適切なリソースタイプの選択や、パフォーマンスモニタリング等に関するトピックが含まれます。

⑤ **コスト最適化**では、AWS上に構築されたシステムが**不要なコストをかけて運用されていないか**に焦点を当てています。最適なリソースタイプが選択されているか、費用が発生している箇所はどこか等に関するトピックが含まれます。

⑥ **持続可能性**では、AWS上に構築されたシステムにおいて、実行中のクラウドワークロードによる環境への影響を最小限に抑えることを焦点に当てています。持続可能性の責任共有モデルと影響の把握等に関するトピックが

第2章 AWSクラウドの設計原則

■ AWS Well-Architected Frameworkの6つの柱

W-Aの6つの柱	定義	例
オペレーションエクセレンス	AWS上に構築されたシステムがビジネス価値をもたらすために、システムの実行とモニタリング、および継続的に運用のプロセスと手順を改善することに焦点を当てている。	・システムのモニタリング ・変更管理とその自動化
セキュリティ	AWS上に構築されたシステムを保護することに焦点を当てている。データの機密性や権限管理等に関するトピックが含まれる。	・データの暗号化 ・権限管理 ・セキュリティイベントの検出
信頼性	AWS上に構築されたシステムがビジネスの要求に応えるための障害の防止や迅速に障害から復旧するための能力について焦点を当てている。	・サービスの自動復旧 ・需要に応じたコンピューティングリソースの自動取得
パフォーマンス効率	AWS上に構築されたシステムが効率的にコンピューティングリソースを利用しているかに焦点を当てている。	・ワークロードへの需要に応じた適切なリソースタイプの選択 ・パフォーマンスモニタリング
コスト最適化	AWS上に構築されたシステムが不要なコストをかけて運用されていないかに焦点を当てている。	・最適なスペックの仮想マシンの選択 ・各リソースのコスト情報の把握
持続可能性	AWS上に構築されたシステムにおいて、実行中のクラウドワークロードによる環境への影響を最小限に抑えることを焦点に当てている。	・持続可能性の責任共有モデルと影響の把握 ・必要なリソースを最小化した際の影響の軽減

含まれます。

───── | **ワンポイント** | ─────

AWS Well-Architected Framework の6つの柱の内容を理解しましょう。

---

3 AWS Well-Architected Tool

　AWS Well-Architected Tool は、AWS Well-Architected Framework に従い、AWSのベストプラクティスとユーザーのクラウドのアーキテクチャを比較してレビューし、アドバイスを得られるサービスです。

　AWS Well-Architected Tool では、ユーザーに対してアンケート形式の質問を行います。この回答をもとに、**ユーザーの状況をレビューし、問題のある部分のレポートが提供されます**。すべてのベストプラクティスを適合することがゴールではなく、ベストプラクティスを理解したうえで、適合させないことによるリスク評価も含めたビジネス的な判断を行うことも重要となります。

第 **3** 章

AWSクラウドへの
移行の利点と戦略

重要度 B

　ステークホルダーによって、クラウドの導入を検討する際に抱える課題、優先順位は異なります。AWSではクラウドの導入の際に、検討するべき課題をAWS CAFと呼ばれるフレームワークに沿って整理することができます。AWS CAFは、組織が効果的なクラウド導入を進めるにあたって、組織が持つスキルとプロセスにどのような変革が必要かを示唆するものを6つの観点に分類しています。

1 クラウド導入フレームワーク

　AWS Cloud Adoption Framework（AWS CAF）は、AWSクラウドの効果的な採用を支援するためのフレームワークであり、ビジネスサイドおよびテクノロジーサイドの観点から総合的なガイダンスを提供します。

　ビジネスサイドの観点として、「**ビジネス**」「**ガバナンス**」「**セキュリティ**」の観点、テクノロジーサイドの観点として、「**ピープル**」「**プラットフォーム**」「**オペレーション**」の観点があげられます。AWS CAFは、AWSクラウドの採用プロセスを体系的に整理することで、戦略的な意思決定や変革の管理を容易にし、成功するための手順とベストプラクティスを提供します。

■ AWS CAFの全体像

ビジネス	ピープル
ガバナンス	プラットフォーム
セキュリティ	オペレーション

　　← 主にビジネスサイド →　　← 主にテクノロジーサイド →

ステークホルダーに関する視点

■ ビジネスの観点

　AWS CAFは、**ビジネス**の観点からAWSクラウドの採用を支援し、ビジネス目標の達成や競争力の向上、組織の変革を促進するための戦略的なガイダンスを提供します。具体的には、「クラウド導入が顧客のIT戦略に適合しているか」「クラウド導入による利益の実現が可能か」「適切なファイナンス管理ができるか」「ビジネス上のリスクマネジメントが行えるか」等、クラウド導入の利点を最大限に活用するためのベストプラクティスを提供しています。

　また、クラウドへの投資によってデジタル変革の野心とビジネスの成果が確

実に加速されるようにすることに重点が置かれています。戦略管理、ポートフォリオ管理、イノベーションマネジメント、製品管理、戦略的パートナーシップ、データの収益化、ビジネスに関する洞察、データサイエンスの8個の機能から構成されています。利害関係者としては、CEO、CFO、COO、CIO、CTOが想定されます。

■ ガバナンスの観点

ガバナンスの観点では、ビジネスのリスクを最小限に抑え、クラウド導入への投資効果を最大限にすることに注力しています。プログラムとプロジェクトの管理、メリット管理、リスク管理、クラウド財務管理、アプリケーションポートフォリオ管理、データガバナンス、データキュレーションの7個の機能から構成されています。利害関係者としては、最高変革責任者、CIO、CTO、CFO、CDO、CRO が想定されます。

■ セキュリティの観点

AWS CAFにおけるセキュリティの観点では、組織がAWSのクラウドを安全に利用するためのセキュリティプラクティスやガイダンスを提供し、データの保護、アクセスコントロール、インシデント対応、監視、暗号化等の要素を包括的にカバーしています。また、セキュリティ意識の向上と教育を推進し、組織全体のセキュリティ文化を構築する支援も行います。

■ ピープルの観点

ピープル（人材）の観点では、クラウド導入を効果的に実行するための人材と組織改革のマネジメントを包括的にカバーしています。文化の進化、変革的なリーダーシップ、クラウドの流暢さ、労働力の変革、変化の加速、組織設計、組織の調整の7つの機能から構成されています。利害関係者としては、CIO、COO、CTO、クラウドディレクター、部門横断型および全社規模のリーダーが想定されます。

■ プラットフォームの観点

プラットフォームの観点では、エンタープライズレベルでハイブリッドクラウドの展開を加速することに重点が置かれています。プラットフォームアーキ

テクチャ、データアーキテクチャ、プラットフォームエンジニアリング、データエンジニアリング、プロビジョニングとオーケストレーション、最新のアプリケーション開発、継続的インテグレーションと継続的デリバリーの7つの機能から構成されています。利害関係者としてはCTO、テクノロジーリーダー、アーキテクト、エンジニアが想定されます。

■ オペレーションの観点

オペレーションの観点では、クラウド上で提供されているサービスが、ビジネス関係者と合意されたレベルで確実に提供することに重点が置かれています。この観点では可観測性、変更およびリリース管理、構成管理、パフォーマンスと容量の管理、パッチ管理、可用性と持続性の管理、アプリケーション管理、イベント管理、インシデントと問題の管理の9つの機能から構成されています。利害関係者としてはインフラストラクチャおよび運用のリーダー、サイト信頼性エンジニア (SRE) 等が想定されています。

| ワンポイント |

AWS CAFの6つの観点について理解しましょう。

---

2 クラウド移行のための 3ステップ

一般的にクラウド移行は、「評価」「移行計画策定」「移行・運用」の3つのステップを経て、実行されます。これらのステップごとに、どのような対応が必要になるのかを解説します。

■ 第1ステップ「評価」

評価の段階では、まず現状分析を実施します。既存システムの状態を把握し、現状ビジネスにおいてどのような役割を果たしているのかを整理します。さらに、システム構成やアプリケーション構成、運用体制等、あらゆる観点で

現状分析を行います。

■ 移行戦略の全体像

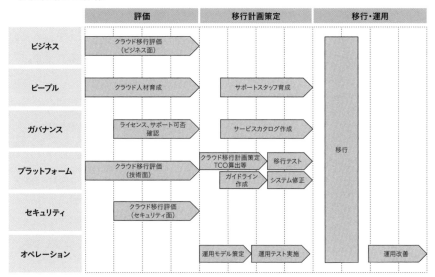

システムごとに情報整理を終えると、次は依存関係の整理を行います。現状運用されているシステムが、どのように相互にシステム間連携しているのかを把握し、クラウドへの移行の影響の有無を確認することが、移行戦略を立案する前に必要不可欠であり、システム運用の品質を改善することにもつながっていきます。こうした現状のIT資産を分析することで、移行アプローチを検討するための移行計画で必要になる情報を整理していきます。

■ 移行計画に向けた現状分析

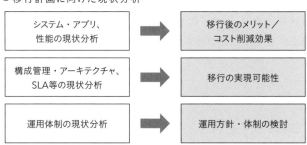

■ 第2ステップ「移行計画策定」

　移行計画策定の段階では、各システムに対してどのようなアプローチで移行するのかを検討していきます。移行のアプローチには、下表のように7つの方法があり、AWSでは各方法の頭文字を取って、**7R**と呼んでいます。どのアプローチで移行するのかは、現状分析の結果に応じて、難易度やシステムの重要度を考慮し、総合的な優先順位を決定したうえで選択する必要があります。

■ 7Rの概要

移行パターン	概要
リホスト (Rehost)	既存のアプリケーションを変更せず、既存のサーバー群をAmazon EC2に単純移行する
リファクタ (Refactor)	クラウドが提供するサービスを活用するため、アプリケーションの設計を変更し、最適化を行う
リプラットフォーム (Replatform)	OSやデータベースのバージョンアップ等、若干の変更や最適化を行う
リロケート (Relocate)	既存環境がVMwareベースである場合、VMware Cloud on AWSを活用し、既存仮想マシン群をそのまま移行する
リパーチェイス (Repurchase)	既存システムと同様の機能を持つSaaSに移行する
リタイア (Retire)	利用していない、または利用予定がないアプリケーションを廃止または他システムに統合する
リテイン (Retain)	必要ではあるが移行前の大きな変更が必要等の理由で移行を保留し現状を維持する

　各システムが7Rのうちのどのアプローチで移行するか決定すれば、次に検討するのは移行実施の時期です。クラウド移行を行うベンダーのリソース状況、ビジネス上のクラウド化による影響、ソフトウェアのサポート期間等を考慮して、移行完了日の目途を算出し、移行実施の時期を確定させます。

　また、移行計画策定と並行して、移行後にスムーズに運用体制が確立できるように移行後の運用モデルの検討、運用テスト、サポートスタッフの育成等も実施します。

─── | **ワンポイント** | ───

クラウドへの移行では、7Rのどのアプローチを選択するかが重要です。

■ 第3ステップ「移行・運用」

　移行対象の各システムの移行方法が確定し、移行実施時期が確定できれば、実際にクラウド移行を実施していきます。一般的にすべてのシステムを同時並行で移行することはできないため、順番に移行作業を行うことになります。全体の移行が完了すれば、移行計画策定の段階で検討した運用体制によって移行後のシステムを運用し、不具合があれば適宜、運用改善を行います。

MEMO

第 **4** 章

AWSクラウドエコ
ノミクスのコンセプト

重要度 B

　AWSを利用することで、オンプレミスと比較してコスト面で様々なメリットを享受することができます。この章では、クラウドコンピューティングの経済学的側面に基づく考え方を定義したクラウドエコノミクスや、クラウドへ移行する際のコスト削減の概念およびコスト最適化の考え方について解説します。

1 クラウドエコノミクスの概要

　AWSにおける**クラウドエコノミクス**とは、クラウドコンピューティングの経済学的側面に基づく考え方です。AWSは、**顧客が必要とするリソースを必要な分だけ提供することが可能であり、従量課金制のシステムを採用しています。よって、顧客は必要な分のみのコスト負担で済み、無駄なリソースの保有や運用に関するコストを抑えることが可能になります。**

　また、AWSは、顧客がクラウドコンピューティングにかかるコストの見積もりを行うためのツールやコストを管理するためのツールも提供しているため、顧客はコストを正確に把握し、コスト最適化を実現することができます。AWSのクラウドエコノミクスは、クラウドコンピューティングの進化に伴って日々進化しています。顧客がビジネス目標を達成するために、必要なリソースを提供することで、クラウドコンピューティングがビジネスにとって重要な役割を果たすことができます。

2 クラウドにおける 総所有コスト（TCO）

　従量課金制を採用しているAWSは、従来のオンプレミスとはコストの考え方が異なります。オンプレミスは初期コストとして、データセンターの構築費用、物理的なインフラストラクチャ機材の購入費用やそれらの初期設定費用等が必要になります。さらに、構築したインフラストラクチャを日々運用するためのランニングコスト（エンジニアの人件費やインフラストラクチャのライセンス費用等）も必要になります。

　一方で、クラウドの場合はオンプレミスで必要になるような初期コストがほとんど必要ありません。ランニングコストは従量課金制が適応されるため、利用したリソースの量と時間に対して計算されて毎月請求されます。

クラウドとオンプレミスを比較すると、コスト構造が大きく異なるため、初期コストや毎月の請求金額等を単純に比較することは困難です。このような場合、クラウドとオンプレミスのコストを比較する際に**TCO**（Total Cost of Ownership：総所有コスト）の考え方が重要になります。

3 クラウドへ移行する際の TCOの概念

TCOとは、インフラストラクチャを構築・運用・維持するために必要なハードウェアやソフトウェア等の製品やサービスの購入・利用契約からサービスの解約・廃止まで必要になるコストの総額を示しています。一般的にTCOは、**直接コスト（製品・サービスの購入費用）と間接コスト（運用・管理、維持、保守等）**で構成されています。

■ TCOのイメージ図

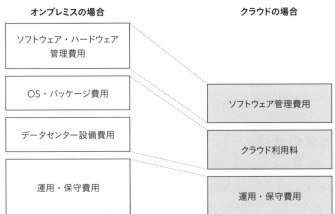

クラウドの場合、利用するITリソースを必要な分だけ増減できるため、柔軟なリソースの調整が可能であり、将来に備えて余計なリソースを調達する必要がありません。また、物理的なインフラストラクチャやデータセンターの設備費用のコストが不要であるため、初期投資を抑えることができます。クラウ

ドのコストメリットは、毎月の請求では見えにくいですが、中長期的な運用期間を想定してTCOを評価することで、より適切にオンプレミスとクラウドのコストを比較することが可能になります。

4 クラウド移行によるコスト削減

TCOを考慮したAWSにおけるコスト削減の方法をいくつか紹介します。

■ マネージドサービスの活用

RDSやDynamoDB、Amazon Elastic Container Service（ECS）等のマネージドサービスを活用することで、サービスの維持・運用をAWSに任せることができます。そのため、OS・ミドルウェアのアップデート、バックアップの取得、パッチ適用等の各種維持・運用作業を行う必要がなく、人件費を抑えることができます。

■ サーバーレスコンピューティングの活用

Lambda、Amazon API Gateway等のサーバーレスコンピューティングのサービスを活用することで、サーバーの構築、運用・維持の手間がなくなり、スピーディーなサービス展開が可能になります。

■ SaaSサービスの活用

AWSは、Amazon WorkSpaces（仮想デスクトップ環境を提供するサービス）やAmazon QuickSight（データ分析サービス）等、様々なSaaSサービスを提供しています。必要に応じてこうしたサービスを活用することで、システム・アプリケーションの構築費用、ライセンス取得費用等を抑えることができます。

■ オペレーションの自動化

CloudFormationを利用することで手作業による人為的なミスを防ぎ、正確

にデプロイすることが可能となります。テンプレートには実行時にパラメーターを入力することができるため、一部を変更して同じ構成を何度もデプロイすることができます。また、利用企業内で標準的なシステム構成を策定し、同一構成で複数のシステムを展開することが可能です。また、CloudFormationでデプロイしたAWSリソースの構成（**スタック**）が不要になった場合は、CloudFormationからスタックを削除することで、まとめて削除することができます。

■ CloudFormationによる自動デプロイ

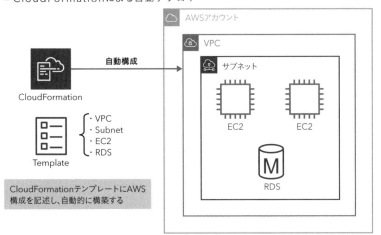

■ サーバーリソースの最適化

　AWSでは、不要なリソースの保有や運用に関するコストを削除することができます。具体的には、オンプレミスの場合は、サーバーのスペックを必要以上に高く設定している場合がありますが、AWSの場合には必要なリソースのみを利用することができるため、必要に応じて自動的にリソースを増減することができます（インスタンスタイプの調整、EC2の台数の調整等）。そのため、オンプレミスと比較して、実情に応じたコスト調整が可能になります。

第 **1** 分野 の **練習問題**

Q1 アプリケーションの開発に集中して、自分で作成したアプリケーションを実行する環境として、適切なクラウドサービスはどれですか。

A Software as a Service（SaaS）

B Platform as a Service（PaaS）

C Infrastracture as a Service（IaaS）

D オンプレミス・ソリューション

Q2 次の展開モデルのうち、クラウドコンピューティング環境とオンプレミス環境を併用するものはどれですか。

A ハイブリッドクラウド

B パブリッククラウド

C プライベートクラウド

D コミュニティクラウド

Q3 クラウドコンピューティングにおける「可用性」とは何を意味しますか。

A データのセキュリティと保護

B リソースへのアクセス速度と応答性

C システムやアプリケーションの正常な動作時間

D リソースの容量を自動的に増減する能力

Q4 | クラウドコンピューティングにおいて、オンデマンドとは何を意味しますか。

A リソースを事前に予約して利用すること

B 必要な時に必要なだけのリソースを利用できること

C 特定の地理的な領域にのみリソースが配置されていること

D クラウドプロバイダーが自動的にリソースを割り当てること

Q5 | クラウドコンピューティングの主な利点はどれですか。

A 高い初期投資が必要である

B 物理的なサーバーの保守や管理が不要である

C ローカルネットワーク内でのリソースの利用に制限がある

D セキュリティリスクが増加する

Q6 | クラウドコンピューティングにおいて、ユーザーがすべて負担するセキュリティ責任はどれですか。

A 物理的なセキュリティとデータセンターの保護

B インフラストラクチャの設計と管理

C アプリケーションの開発と保護

D ネットワークのトラフィック監視とログ管理

解 答 と 解 説

Q1 | 正解 B

A 誤り。SaaSはアプリケーションをクラウド上で提供するモデルです。

B 正しい。PaaSは開発者がアプリケーションを開発・実行するためのプラットフォームを提供するモデルです。プラットフォームの提供により、顧客はアプリケーションの開発に集中することができます。

C 誤り。IaaSは仮想化されたインフラストラクチャ（サーバー、ストレージ、ネットワーキング等）を提供してくれますが、OS以上の環境は自身で用意する必要があります。

D 誤り。オンプレミス・ソリューションはクラウドではなく、従来の自社のデータセンターやインフラストラクチャを使用するモデルを指します。

Q2 | 正解 A

A 正しい。ハイブリッドクラウドは、「パブリッククラウドとオンプレミス」「パブリッククラウドとプライベートクラウド」といったように、複数の展開モデルを組み合わせて利用することができます。

B 誤り。パブリッククラウドは、広く一般の利用者が利用することができるクラウドサービスです。

C 誤り。プライベートクラウドは、単一の組織や団体が専用利用するためのクラウドサービスです。

D 誤り。コミュニティクラウドは、地方自治体や研究機関等、特定の目的や目標を有している企業や団体だけが利用できるクラウドサービスです。

Q3 | 正解 C

A 誤り。「データのセキュリティと保護」はセキュリティの概念であり、可用性とは直接関係しません。

B 誤り。「リソースへのアクセス速度と応答性」はパフォーマンスに関連していますが、可用性とは異なります。

C 正しい。クラウドコンピューティングにおける「可用性」は、システムやアプリケーションが正常に動作し続ける時間を指します。可用性が高いということは、

ユーザーが必要な時にクラウドサービスにアクセスできることやデータやアプリケーションが中断することなく利用できることを意味します。可用性は、一般的にシステムのダウンタイムや障害の発生頻度によって評価されます。

D 誤り。「リソースの容量を自動的に増減する能力」はスケーラビリティの概念です。

Q4 | 正解 B

A 誤り。リソースを事前に予約するモデルはリザーブドインスタンスと呼ばれます。

B 正しい。クラウドコンピューティングのオンデマンドとは、リソースを事前に予約する必要がなく、必要な時に必要なだけのリソースを利用できることを意味します。これにより、ユーザーは柔軟にリソースをスケールアップまたはスケールダウンできるため、効率的なリソースの利用が可能となります。

C 誤り。特定の地理的な領域にのみリソースが配置されていることを指すのはリージョンとアベイラビリティーゾーンの概念です。

D 誤り。クラウドプロバイダーが自動的にリソースを割り当てることはAuto Scalingと呼ばれます。

Q5 | 正解 B

A 誤り。クラウドコンピューティングは、高い初期投資を必要とせず、必要なリソースを柔軟に利用できます。

B 正しい。クラウドコンピューティングの主な利点の一つは、物理的なサーバーの保守や管理が不要になることです。クラウドプロバイダーがインフラストラクチャやリソースの管理を行ってくれるため、ユーザーはサーバーの設定やアップデート、ハードウェアの故障修理等の手間を省くことができます。

C 誤り。クラウドコンピューティングでは需要に応じてリソースを柔軟にスケールアップできます。

D 誤り。クラウドプロバイダーはセキュリティ対策を実施しており、セキュリティリスクの増加ではなくむしろセキュリティを強化する傾向があります。

Q6 | 正解 B

A 誤り。クラウドコンピューティングのセキュリティモデルでは、クラウドプロバイダーとユーザーの間で責任が共有されます。一般的に、クラウドプロバイダー

は物理的なセキュリティとデータセンターの保護に責任を持ちます。これには、セキュリティ対策やアクセス制御、環境の監視等が含まれます。

B 正しい。ユーザーはインフラストラクチャの設計と管理に責任を持ちます。これには、データの暗号化、アクセス制御の設定、パッチ適用、セキュリティグループの設定等が含まれます。

C 誤り。「アプリケーションの開発と保護」はユーザー側の責任ですが、一部のクラウドプロバイダーはセキュリティ関連のツールやサービスを提供しています。

D 誤り。「ネットワークのトラフィック監視とログ管理」もユーザーの責任ですが、クラウドプロバイダーは一部のネットワークセキュリティ機能を提供する場合があります。

第 **5** 章

AWSの
責任共有モデル

重要度 B

　セキュリティに分類されるサービスの使用を検討する際には、クラウドのセキュリティは責任共有モデルに基づいて担保されているという理解が必要です。この章では、責任共有モデルについて解説します。

　クラウド上に構築されたシステムのセキュリティは、**責任共有モデルに基**づいて担保されます。ユーザーとAWSが責任を負う範囲が明確に分かれており、それぞれの責任範囲でセキュリティを担保する必要があります。例えば、AWSはデータセンターのファシリティを安全に管理し、マネージドサービスであればホストOSのパッチ適用やデータベースの更新等、AWSが管理する部分のセキュリティ対応を実施します。EC2等のIaaSサービスでは、ゲストOSに対するパッチ適用までユーザーの責任となります。

■ AWSの責任共有モデル

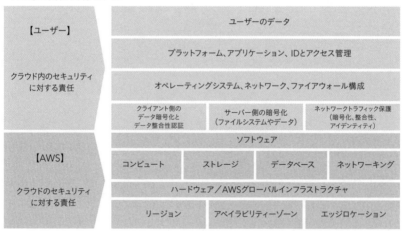

（https://aws.amazon.com/jp/compliance/shared-responsibility-model/から著者作成）

―――― | ワンポイント | ――――

ユーザーの責任範囲とAWSの責任範囲を理解しておきましょう。

2 AWSにおけるユーザーの責任

ユーザーの責任範囲は、選択したAWSのサービスに応じて異なります。例えば、ユーザーがEC2等のIaaSに分類されるサービスを利用した場合、ユーザーは、ゲストOSの管理（更新やセキュリティパッチの適用等）、インストールしたアプリケーションソフトウェアの管理、AWSより提供されるセキュリティグループ（ファイアウォール設定）の構成に責任を負います。

Lambda や S3 等の PaaS に分類されるサービスを利用した場合、AWSはハードウェア、仮想化基盤に合わせてOSおよびミドルウェアを運用し、ユーザーはアプリケーション、データの管理をします。

第5章 AWSの責任共有モデル

41

3 AWSの責任

　AWSの責任範囲は、クラウドで提供されるすべてのサービスを実行するコンピュート、ストレージやネットワークといったハードウェアや仮想化基盤のインフラストラクチャの保護から、リージョン、アベイラビリティーゾーン、エッジロケーション等の地域やデータセンターの管理になります。

■ IaaS／PaaS／SaaSにおける責任範囲

| ユーザー |
| AWS |

	IaaS	PaaS	SaaS
データ	データ	データ	データ
アプリケーション	アプリケーション	アプリケーション	アプリケーション
ミドルウェア	ミドルウェア	ミドルウェア	ミドルウェア
OS	OS	OS	OS
仮想化基盤	仮想化基盤	仮想化基盤	仮想化基盤
ハードウェア	ハードウェア	ハードウェア	ハードウェア

第 6 章

AWSクラウドの セキュリティ、ガバナン ス、コンプライアンスの コンセプト

重要度 C

AWSでは、ユーザーがクラウドを利用する際に、堅牢なセキュリ ティやコンプライアンスを担保するための便利なツールやサービス を提供しています。この章では、それらのサービスの概要やベスト プラクティスについて解説します。

1 AWSのコンプライアンス情報を確認できる場所の特定

　AWSを利用する場合、コスト削減や拡張性を実現しつつ、同時に堅牢なセキュリティと規則に準拠する必要があります。AWS側の責任範囲において、AWSのインフラストラクチャが各種コンプライアンス基準に対応していることを、ユーザーが確認する必要がある際には、**AWS Artifact**のコンソールから必要な証明書（コンプライアンスドキュメント）をダウンロードすることが可能です。このようなドキュメントには、System and Organization Control（SOC）レポートのようなものも含まれます。AWSの契約状況もArtifactによって確認することが可能です。

　AWSがユーザーに提供するインフラストラクチャおよびサービスは、様々な地域および業界にわたる複数のコンプライアンス基準と業界認定に基づいて運用されています。AWSでは保証プログラムを継続的に追加しています。

■ 保証プログラムの例（グローバル）

CSA クラウドセキュリティ アライアンス統制	**ISO 9001** 世界品質基準	**ISO 27001** 情報セキュリティ 管理統制	**ISO 27017** クラウド固有統制	**ISO 27018** 個人データ保護
PCI DSS レベル1 ペイメントカード基準	**SOC 1** 監査統制報告書	**SOC 2** セキュリティ、可用性 機密性報告書	**SOC 3** 全般統制報告書	

　AWSを利用する際に、セキュリティとコンプライアンスの要件を満たすために役立つツールと、リソースを提供する**カスタマーコンプライアンスセンター**を利用できます。カスタマーコンプライアンスセンターでは、AWSのセキュリティとコンプライアンスに関する情報や事例をまとめ、簡単にアクセスできるようにすることで、ユーザーがAWSのサービスをセキュアに利用し、コンプライアンス要件を遵守できるように支援します。

●カスタマーコンプライアンスセンター

https://aws.amazon.com/jp/compliance/customer-center/

　AWSで導入すべきセキュリティ基準や遵守すべき法令等の情報は、AWSコンプライアンスプログラムとして、一般に公開されています。AWSは第三者機関による監査を受け、セキュリティやコンプライアンスの状況について認証や監査報告、証明書が発行されています。これらはAWSコンプライアンスプログラムのサイトにて確認できます。AWSクラウドを利用する際、ユーザーは必要な認証や証明を受けていることを確認する必要があります。

●AWSコンプライアンスプログラム

https://aws.amazon.com/jp/compliance/programs/

2　ユーザーがAWSでコンプライアンスを達成する方法

　ユーザーがサービスのセキュリティとコンプライアンスを担保するためのベストプラクティスがあります。

　企業内部では、第一にガバナンスの観点、つまり、各種サービス（IAM、EC2、S3、VPC等）の標準ポリシーを適切に設計し、AWS ConfigやAWS Systems Manager等のサービスを用いて、危険な状態が生まれないよう統制することが重要です。

　また、システムに対する多種多様な脅威に対抗するためには、セキュリティに特化したサービスの利用が必要です（なお、セキュリティを担保するサービスには、AWSが提供するマネージドサービスとサードパーティーのベンダーが提供するアプライアンスが存在しますが、本章ではAWSのサービスのみを対象とします）。

■ コンピューティングの各サービス

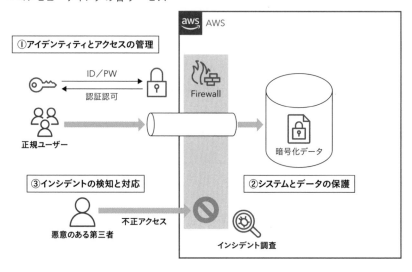

　AWSが提供するセキュリティサービスは、次の3カテゴリに分類できます。
　まず、ログインしたユーザーに対して適切な権限を与えるサービス（**アイデ
ンティティとアクセスの管理**）、次に、システムを構成するインフラとデータ
を悪意のあるアクセスから防御するサービス（**システムとデータの保護**）、最
後に、システム内への侵入や情報漏洩があったときに検知するサービス（**イン
シデントの検知と対応**）です。

■ アイデンティティとアクセスの管理

　開発／運用担当者にAWSリソースへの一般的なアクセス権限を提供する
AWS Identity and Access Management（IAM）、AWS上にマネージド型
のActive Directoryを構築できる**AWS Directory Service**、AWSと他ベン
ダーのSaaSアプリケーションへのSSOによるログインを提供する**AWS IAM
Identity Center**（旧AWS Single Sign-On）、アプリケーションに対してAPI
キーやトークン等の秘密鍵を管理することができる**AWS Secrets Manager**、
Web／モバイルアプリケーションに対して一般ユーザー向けの認証認可の機
能を提供する**Amazon Cognito**が存在します。

■ アイデンティティとアクセス管理

サービス名		サービス概要	ユースケース
	AWS Identity and Access Management	AWSのサービスとリソースへのアクセス管理	・AWSでシステムを開発運用するユーザーを管理する ・AWS上のリソースに対して、ほかのリソースに対する操作権限を付与する ・AWS上でホスティングされる業務アプリケーションのユーザーを管理する
	AWS Directory Service	Active Directoryのマネージドサービス	・オンプレミスのADとAWS上のIDを同期させて利用する ・企業の統合ID管理基盤として利用する
	AWS IAM Identity Center	AWSと各種SaaS間のSSOサービス	AWSへのログインIDと、SaaS（CRM、グループウェア、開発プラットフォーム）へのログインIDを一元管理する
	AWS Secrets Manager	アプリケーション向け秘密鍵の管理サービス	・アプリケーション向けの秘密鍵を一括管理し、キー漏洩のリスクを減らす ・キーを一元的に管理し、ローテーションや無効化の作業を効率化する
	Amazon Cognito	アプリケーション向けログイン機能のマネージドサービス	・インターネット上の不特定多数が利用するアプリケーションにログイン機能を実装する ・ほかのIDプロバイダのOAuth経由でアプリケーションにログインさせ、ID管理のコストを減らす

■ システムとデータの保護

　システムを保護するサービスには、インフラストラクチャへの攻撃（DDoS攻撃）に対するファイアウォールを提供するAWS Shield、アプリケーションへの攻撃（クロスサイトスクリプティング攻撃やSQLインジェクション攻撃）に対するファイアウォールを提供するAWS WAF、AWS上の各種ファイアウォールを一元管理できるAWS Firewall Managerが該当します。データを保護するサービスには、転送中データを暗号化するための証明書と暗号鍵を提供するAWS Certificate Manager（ACM）、保管データの暗号／複合化に用いる暗号鍵と、暗号鍵を安全に保管する場所を提供するAWS Key Management Service（KMS）とAWS CloudHSMが該当します。

■ システムとデータの保護

サービス名	サービス概要	ユースケース
AWS Shield	L3、4（ネットワークレベル）のDDoS攻撃からの保護サービス	DDoS攻撃等ネットワーク／インフラストラクチャに負荷をかけてシステムをダウンさせる攻撃からシステムを保護する
AWS WAF	L7（アプリケーションレベル）のファイヤウォールサービス	XSS攻撃、SQLインジェクション攻撃等のアプリケーションに悪意のある命令を送って機密情報を奪取する攻撃からシステムを保護する
AWS Firewall Manager	各種ファイアウォールサービスの一元管理サービス	Shield、WAF等のマネージドサービスとEC2等の個別サービスのファイアウォール設定を一元管理する
AWS Certificate Manager	SSL／TLS証明書の管理サービス	・Amazonが認証する証明書を用いてインターネットで公開するアプリケーションを暗号化し、トランザクションの盗聴から保護する ・マネージド型のプライベートCAを構築し、社内システムで用いるトランザクションを暗号化するための証明書管理を効率化する
AWS Key Management Service	暗号化キーを保管し管理するサービス	・AWSリソース（ストレージ等）を暗号化する鍵を作成し、管理する ・鍵に対してライフサイクルポリシーを設定し、鍵の更新等の管理負荷を低減する
AWS CloudHSM	ハードウェアセキュリティキーモジュールのマネージドサービス	物理的な鍵モジュールが規制やコンプライアンスへの適合に必要な場合に、AWS Key Management Serviceの代替として使用する

■ インシデントの検知と対応

　EC2に存在するインシデントの兆候を検知するAmazon Inspector、S3に存在するインシデントの兆候を検知するAmazon Macie、VPCやCloudTrailのログから不正なアクティビティを検知するAmazon GuardDuty、セキュリティの状態を統合的に可視化することができるAWS Security Hub、インシデント発生時に原因調査をサポートするAmazon Detectiveが該当します。

　また、先述しましたが、AWS側責任範囲のAWSのインフラストラクチャが、各種コンプライアンス基準に対応していることを確認する必要がある際には、AWS Artifactから必要な証明書をコンソールからダウンロードすることが可能です。

■ インシデントの検知と対応

サービス名	サービス概要	ユースケース
Amazon Inspector	アプリケーションに対するマネージド型安全性評価サービス	アプリケーションをデプロイしたEC2インスタンスに脆弱性が存在しないか診断し、存在する場合はアラートを発する
Amazon Macie	S3に対するマネージド型のリスク評価サービス	・S3バケットの公開設定等に情報流出の懸念がないかを検査する ・S3バケットにコンプライアンス上懸念のある秘密情報が含まれていないかを検知する
Amazon GuardDuty	AWSに対するマネージド型脅威検出サービス	AWSサービスが生成する監査ログやネットワークトラフィックログを監視し、セキュリティインシデントの懸念があるときにアラートを発する
AWS Security Hub	セキュリティとコンプライアンスのマネージドダッシュボードサービス	AWS上にデプロイしたリソースの保護状況を一元的に確認し、予防が必要なリソースを見つけて適切なアクションを設定する
Amazon Detective	セキュリティインシデント調査をサポートするサービス	セキュリティに関するアラートをもとに詳細な原因を調査するためのサポートを受け、セキュリティインシデントの低減と解決の早期化を実現する
AWS Artifact	AWSが発行・取得する各種レポートにアクセスできるセルフサービスポータルサービス	・規制やコンプライアンスへの順守を証明するための監査や申請で必要なレポートを、AWSから取得する ・AWSとユーザーの契約状況を証明するレポートを取得する

3 ガバナンス（監視と監査）に役立つサービス

　AWSにはガバナンスに役立つサービスとして、仮想マシン等のリソースの監視を実施する等の運用に関するサービス、ユーザーの操作履歴を記録する等の監査に関するサービスがあります。

　監視に関わるサービスでは、AWSサービスの稼働状況を収集し、それをマネジメントコンソール上のダッシュボードで確認する機能やアクションを設定する機能が提供されます。監査に関わるサービスでは、AWSアカウントのAWSサービスに対する操作履歴を記録する機能や、AWSサービスの変更をチェックする機能が提供されます。

■ 監視の各サービスの特徴

　監視のサービスにはAmazon CloudWatch（以下、CloudWatch）とPersonal Health Dashboardがあります。

■ CloudWatchとPersonal Health Dashboardの棲み分け

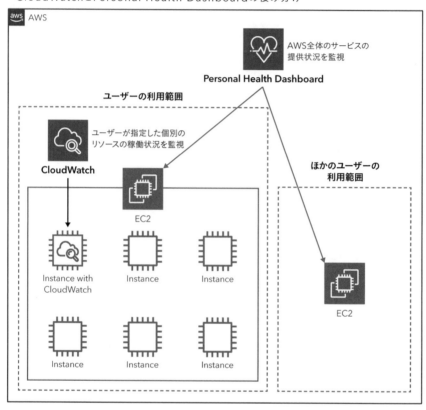

　CloudWatchは、ユーザーが管理するAWSリソースの監視を行うサービスです。個々のAWSリソースの稼働状況や利用状況の監視、リソース上で稼働するソフトウェアのログの収集やダッシュボードによる表示、問題があった際の通知やアクションのトリガー機能を備えています。CloudWatchで収集された情報は、CloudWatchのコンソールにアクセス権のあるIAMユーザーではないユーザーに対して、ダッシュボードで共有することができます。この用途のために特別にIAMユーザーを作成する必要はありません。また、AWSアカウントを横断してダッシュボードを作れるようになっています。いくつかの

AWSアカウントに自分が管理するリソースがある場合、別のAWSアカウントで入り直すことにより、ダッシュボードを見る手間が省けます。

Personal Health Dashboardは、AWS公式の各リソースのサービスの障害情報やメンテナンス情報を提供するサービスです。公式の障害情報とは、リージョン全体に関わる障害や多数のユーザーに関わるようなサービスの障害等を示します。

■ 監査の各サービスの特徴

監査のサービスには、**AWS CloudTrail**（以下、**CloudTrail**）と**AWS Config**（以下、**Config**）があります。CloudTrailでは、AWSリソースへの変更をトラッキングし、監査を支援します。一方、Configは、AWSリソースの定義を監視するサービスです。

■ CloudTrailとConfigの棲み分け

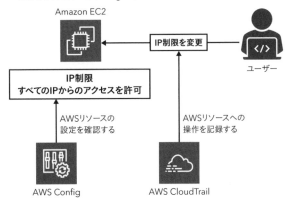

4　CloudWatch

AWSリソースの監視を行う**Amazon CloudWatch**は、CloudWatch、CloudWatch Logs、CloudWatch Eventsの3つのサービスで構成されています。なお、CloudWatch Eventsを拡充する形で、EventBridgeというサービス

が新しく提供されています。EventBridgeについては第16章で説明しますが、こちらでは引き続き利用できるCloudWatch Eventsについて解説を行います。

CloudWatchは、ユーザーが利用しているAWSリソースの稼働状況の収集、監視を行います。

CloudWatch Logsは、AWSリソースで生成されたログの収集、保管サービスです。

CloudWatch Eventsは、AWSのリソースの変更をトリガーにしてほかのサービスを呼び出すサービスです。なお、リソースの変更だけでなく起動時間を設定してトリガーとすることも可能です。

■ CloudWatchの全体像

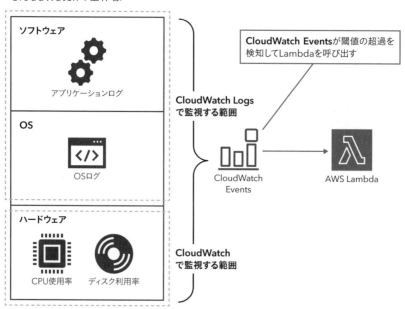

1 CloudWatch

Amazon CloudWatchは、ユーザーが利用しているAWSサービスの稼働状況をメトリクスとして収集し、監視することができます。メトリクスとは、例えばEC2インスタンスのCPU利用率やディスクの読み込みや書き込みの状況等です。EC2、EBS、RDS、ELB等70種類以上のAWSサービスが対応して

いくます。対応しているAWSサービスは自動でメトリクスを収集するため、管理者による事前設定は必要ありません。AWSサービスが収集するものを**標準メトリクス**といいます。また、ユーザーが独自に任意のデータをAWS API／AWS CLIを使用してCloudWatchに収集することができ、これを**カスタムメトリクス**といいます。デフォルトでは5分間隔でサービスの稼働状況が収集されます。これは基本モニタリングメトリクスと呼ばれ、無料で利用できます。5分未満のサービスの稼働状況の収集、およびカスタムメトリクスは有償で利用できます。

また、CloudWatchアラームを利用することで、あらかじめ設定しておいた稼働の閾値を超えた場合に、ユーザーに通知することができます。例えば、CPUの利用率が80%を超えた場合に、アラーム通知を行う設定が可能です。

■ CloudWatchアラームの通知

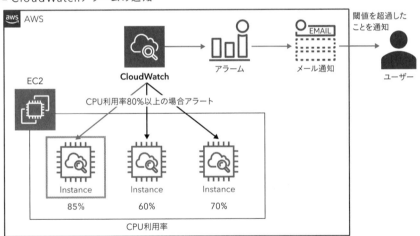

CloudWatchアラームを活用することで、EC2インスタンスの停止や再起動、終了といったEC2の回復や、Auto Scalingポリシーの実行、Amazon Simple Notification Service（SNS）を利用したメール通知等のアクションを実行できます。

第6章 AWSクラウドのセキュリティ、ガバナンス、コンプライアンスのコンセプト

2 CloudWatch Logs

Amazon CloudWatch Logsは、ログ管理サービスです。EC2や後述の CloudTrail等のサービスのログを収集、保存します。ログの保存期間を指定することができ、無制限の保持期間を維持するか、1日間〜10年間までの保持期間を指定することができます。ログはCloudWatch上に保存されますが、S3にエクスポートすることも可能です。

■ CloudWatch Logsのログ収集イメージ

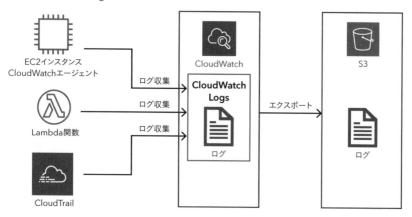

3 CloudWatch Events

Amazon CloudWatch EventsはAWS上のリソースの状態変更をトリガーとして、アクションを実行する機能を提供します。AWSリソースの変化をトリガーとしてアクションを実行できます。

■ CloudWatch Eventsと関連AWSサービスの連携

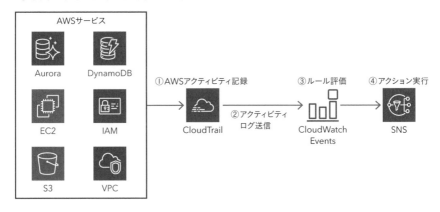

5 Personal Health Dashboard

　AWS Personal Health Dashboardは、ユーザーが利用している各種AWSサービスの稼働状況を一覧で確認できるサービスです。ユーザーが利用しているサービスに係るAWSのメンテナンス作業や障害状況等を確認することができます。

　なお、CloudWatch Eventsと連携することが可能であり、Lambda関数等で自動的に問題をリカバリするようなフローを作成することも可能です。

■ 障害の通知画面

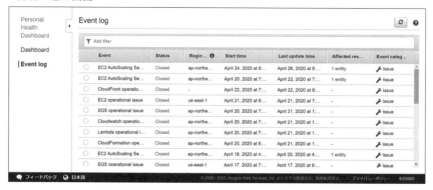

6 CloudTrail

AWS CloudTrailは、ユーザーのAWSマネジメントコンソールへのログインやユーザーが実施したAWSサービスに関する設定変更、APIを利用した操作およびAWSサービスが実施した操作等、AWSに対するアクティビティログを記録します。標準で90日間、AWSアクティビティを各リージョンで記録しています。なお、90日を超えるアクティビティログはS3に保存することで参照が可能です。S3以外にもCloudWatch LogsやCloudWatch Eventsに送信することも可能です。

また、**AWS CloudTrail Insights**では、多くのリソースが急激に立ち上がったり、IAMが頻繁に変更されたりといった、異常なログを利用して検知することができます。検知されたログに対しては、CloudWatch Events等を通じて通知やアクションを設定することができます。

■ CloudTrailの構成

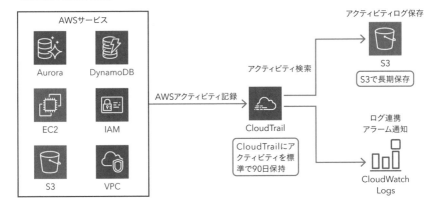

7　Config

AWS Configは、AWSリソースの構成の監査を行うサービスです。CloudTrailと似たサービスですが、CloudTrailがユーザーがAWSリソースに対して行った操作を記録するのに対して、このサービスはAWSリソースがどのように設定されているかを記録するサービスです。AWSリソースがいつ変更されたのか、どの項目が変更されたのかという構成変更履歴を記録しています。

Configルールは、AWSリソースのあるべき構成を定義し、実際の構成との乖離がないかをチェックする機能です。ルールのチェックは構成の変更時と、定期的に実行する2種類から選択することができます。

■ ConfigとCloudTrailの比較

サービス	目的	特徴
CloudTrail	AWSサービスへの操作を記録	操作内容によりアクションを実行可能
Config	AWSサービスの構成変更を記録	構成がコンプライアンスに準拠しているか監査が可能

MEMO

第 7 章

AWSの
アクセス管理機能

重要度 A

　AWSでは、AWSリソースへのアクセスを安全にするための認証・認可サービスを提供しています。この章では、AWSのアクセス管理機能について解説します。

1 AWSアカウントとIAM

AWSアカウントは、AWSとの契約の単位です。AWSアカウントのもとに、そのアカウントが保持するAWSリソースが紐づきます。AWSアカウントには、作成時に登録するメールアドレスを使用した、ルートユーザーが提供されます。

IAM（Identity and Access Management）は、AWSリソースへのアクセスを安全にするための認証・認可サービスです。IAMユーザーは、AWSアカウントに紐づき、AWSリソースへのアクセス許可が与えられるユーザーの単位です。IAMグループはIAMユーザーの集合です。IAMユーザーやIAMグループには個別にAWSリソースへのアクセス権限を与えることが可能ですが、IAMポリシーという権限のセットを付与することが可能です。

AWSアカウントのルートユーザーは、そのアカウントに紐づくすべてのAWSリソースに対して強い権限を有します。そのため使用は最小限にとどめ、通常はIAMユーザーを使用するのがベストプラクティスです。IAMユーザー／IAMグループにはポリシーによって管理者権限を与えることが可能ですが、ルートユーザーのみが実施できる操作があります。

■ AWSアカウントとIAMの関係

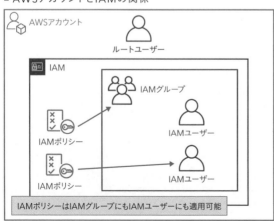

60

ルートユーザーのメールアドレスとパスワードでAWSのコンソールにログインすると、このアカウントに紐づくすべてのリソースに対して全権限を持って操作を行うことが可能となるため、ルートユーザーとしてコンソールにログインする場合には注意が必要です。これを回避するため、AWSアカウントを作成した場合は、すぐにMFA（Multi Factor Authentication：多要素認証）を有効にします。MFAを利用すると、パスワードを入れた後にMFAデバイスもしくはアプリケーションで表示されるコード入力が要求されるため、MFAデバイスもしくはアプリケーションを持つユーザーのみがログイン可能となります。

加えて、ルートユーザーのアクセスキーID／シークレットアクセスキーを削除します。この削除により、API経由で強い権限を持って操作をされるリスクが低減します。**パスワードポリシー**を利用することでユーザーのパスワードを強化し、アカウントへの不正アクセスを防ぐための様々なパスワードポリシー要件を設定することができます。パスワードを一定以上の文字数、大文字・小文字、数字、特殊文字など様々な要素を含めた設定にすることで、よりセキュリティが強固なパスワードを作成することができます。また、パスワードの有効期限設定や過去に使用したパスワードを再利用できないようにするルール設定等もあり、セキュリティ要件やAWSのベストプラクティスに従ってパスワードを適切に設定および管理することが推奨されます。

IAMユーザーが組織に多数存在した場合の運用を考えてみましょう。個々のIAMユーザーにIAMポリシーを適用してAWSリソースへのアクセス権限を与えることは手間がかかります。そこで、同じアクセス権限を必要とするIAMユーザーを1つのIAMグループに所属させ、IAMポリシーでそのアクセス権限を付与するのもベストプラクティスの一つになります。また、IAMポリシーでアクセス許可を設定するときは、タスクの実行に必要なアクセス許可のみを付与し、これを**最小権限の原則**といいます。

IAMロールは、AWSサービスやアプリケーションに対してAWS操作権限を付与するための仕組みです。例えば、EC2にS3のバケットに対するアクセス権を持つIAMロールを付与すると、EC2上のアプリケーションは、「ユーザーID／パスワード」といった認証情報なしに、S3のバケットにアクセスが可能となります。これは、AWS Security Token Service（以下、STS）がS3バケットへのアクセスに必要な一時的なセキュリティトークンを発行するためです。

■ IAMロールとSTSによる一時的認証情報の生成

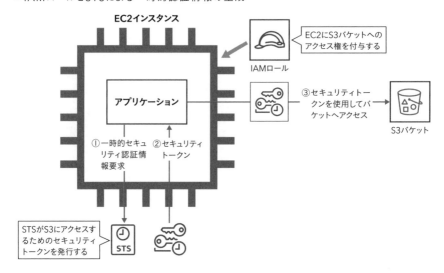

IAMユーザーの認証情報には、AWSマネジメントコンソールにログインするときの「**ユーザー名／パスワード**」、AWSサービスにAPI操作が可能な「**アクセスキーID／シークレットアクセスキー**」、SOAP形式のAPIリクエスト用の「**X.509証明書**」があります。アクセスキーID／シークレットアクセスキーはいずれも半角英数字で構成されます。

■ IAMユーザーのAWSリソースへのアクセス

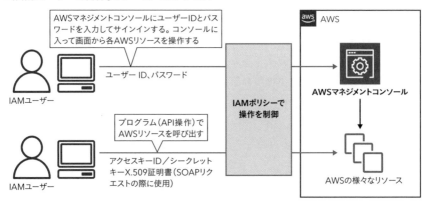

2 Organizations

AWS Organizationsとは、複数のAWSアカウントをポリシーベースで一元管理するサービスです。ここでポリシーとは、AWSのサービスに対する様々な権限のセットと考えるとわかりやすいでしょう。Organizationsによって、AWSアカウントをまたいだ統一のポリシー設定、メンバーアカウントの一括請求、予算・セキュリティ・コンプライアンスの階層的なグループ化が可能となります。階層はOrganizational Unit（OU：組織単位）で管理され、OUに対して異なるポリシーを割り当てることができます。Organizationsを作成するAWSアカウントがマスターアカウントとなり、統合されたAWSアカウントはメンバーアカウントとなります。

■ Organizationsの階層関係

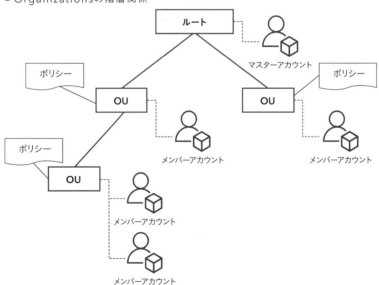

なお、Organizationsを活用したシナリオは、以下の通りです。

・複数のAWSアカウントをOUでグループ化する。そのグループに利用できるサービスを制限するポリシーを適用することで、グループ内のAWSアカウントすべてをそのポリシーに従わせる
・複数のAWSアカウントの請求を1つにまとめる

第 **8** 章

セキュリティのための
コンポーネントと
リソース

重 要 度 B

　この章では、ネットワークセキュリティ機能、ID管理、秘密鍵管理等の管理サービスや各種ログのモニタリング機能等のセキュリティをサポートするサービスについて解説します。

AWSのセキュリティ機能とサービス

1 Cognito

Amazon Cognito は、アプリケーションに対するセキュアでスケーラブルな認証・認可のマネージドサービスです。IAMは開発／運用担当者向けのアクセスを制御するために利用しますが、Cognitoはアプリケーションの一般ユーザーに対してログイン機能を提供するために利用します。Cognitoでは、独自のID管理基盤を導入することも、別サービスをIDプロバイダーとして利用することも可能です。

2 Directory Service

AWS Directory Service は、Active Directoryを AWS上で利用することができるマネージドサービスです。Active Directory は、Microsoftが開発したID管理基盤で、エンタープライズでのデファクトスタンダードとなっています。

AWS導入以前に Active Directory でID管理の実績がある場合、AWS内だけでなく企業全体のID管理を最適化したい場合、Windows Server等のMicrosoft社製アプリケーションとの統合を重視したい場合に有効な選択肢となります。

3 IAM Identity Center （旧Single Sign-On）

AWS IAM Identity Center（旧 AWS Single Sign-On）は、AWSのログイン機能を拡張し、他ベンダーのSaaSアプリケーションにSSOでログイン可能にするサービスです。具体的には、Salesforce等のCRM、Microsoft 365やGoogle Workspace等のグループウェアに、AWSへのログインに用いるのと同じID／パスワードでログインすることができます。Organizationsの利用が前提となりますが、複数SaaSを利用する企業がID管理を一元化したい場合に有効な選択肢となります。

4 Secrets Manager

AWS Secrets Managerは、アプリケーション向けの秘密鍵管理を行うことができるサービスです。アプリケーション向けの秘密鍵とは、データベースにログインする際の接続文字列や、サービスへのアクセスを一時的に許可するセキュリティトークン等を指します。これらの情報は、アプリケーションを動かすためには必須の情報ですが、ソースコードのリポジトリに記載することはセキュリティ上の大きなリスクとなります。Secrets Managerで秘密鍵の一元管理を行い、必要なときにアプリケーションから取得することで、秘密鍵流出のリスクと、秘密鍵を運用するコストを抑制させることが可能です。

5 Shield／WAF

AWS Shield（以下、Shield）とAWS WAF（以下、WAF）は、どちらもAWS上で公開したサービスに対する攻撃を防ぐファイアウォールとして機能します。ShieldはDDoS攻撃等、インフラの許容量を超えたリクエストを送信してサービスをダウンさせる攻撃に対する防御を提供します。WAFは、SQLインジェクションやXSS攻撃等、アプリケーションの脆弱性を突いて不正なデータを送信／取得しようとする攻撃に対する防御を提供します。

6 Certificate Manager

AWS Certificate Manager（以下、ACM）を利用することで、クライアントからサーバーに転送するデータを暗号化することができます。具体的には、ACMが提供するSSL／TLS証明書を用いて送受信中のデータを暗号化し、第三者による窃取の防止と改竄の検知を行うことが可能です。

7 Key Management Service／CloudHSM

AWS Key Management Service（以下、KMS）とAWS CloudHSM（以下、CloudHSM）は、秘密鍵を生成する機能と安全に保管する機能を提供します。RDSインスタンス、S3バケット、EBSストレージ等、保管時のデータを暗

第8章 セキュリティのためのコンポーネントとリソース

号化する用途が特に重要です。

　KMSとCloudHSMの大きな違いは、仮想化の度合いです。CloudHSMの場合は、物理的に隔離されたデバイスで暗号鍵を保管する一方、KMSではデバイス自体が仮想化されています。KMSの方が高機能で低コストなため、一般的にはKMSを利用しますが、コンプライアンスの関係で物理的な隔離が必要な場合はCloudHSMを利用します。

　なお、CloudHSMに保管された秘密鍵も利用時はKMSを経由して提供されます。組織のセキュリティポリシー上、秘密鍵を自社のために隔離された場所に保管しなければならない場合は、KMSではなくCloudHSMに保管します。

■ インフラストラクチャとデータの保護

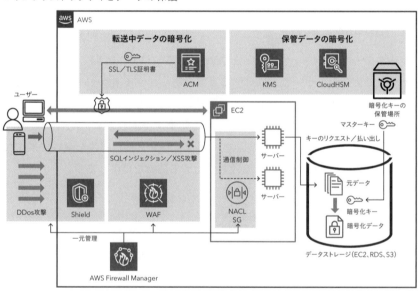

8 Inspector／Macie／GuardDuty

Amazon Inspector（以下、Inspector）、Amazon Macie（以下、Macie）、Amazon GuardDuty（以下、GuardDuty）を利用することで、AWS上で発生するセキュリティインシデントの兆候を検知することができます。それぞれ、対象とするAWSサービスが異なっており、InspectorはEC2インスタンスの危険な設定や放置された脆弱性を検知し、MacieはS3に保存されたデータの重要度や漏洩の可能性を診断します。GuardDutyはCloudTrailやVPC通信のログを解析して、不正アクセスの可能性を検出します。さらに、S3のバケットへのデータアクセスイベントを監視し、不審なアクティビティを検出することができます。

9 Security Hub／Detective

AWS Security Hub（以下、Security Hub）とAmazon Detective（以下、Detective）を利用することで、AWS上でのセキュリティインシデント監視と対応を一元的に行うことができます。

具体的には、前述の各種サービスと、その他のサードパーティー製ツールから集めた情報をSecurity Hubで一元的に表示し、インシデントが発生した場合には、Detectiveのログ解析機能を利用することで事象の根本原因や対応策を効率的に調査することが可能になります。

また、Security HubではCenter for Internet Security（CIS）AWS Foundations BenchmarkやPayment Card Industry Data Security Standard（PCI DSS）といった業界標準やベストプラクティス、AWSの標準的なセキュリティのベストプラクティスに沿って自動化され、かつ継続的なチェックを実行します。

■ インシデントの検知と対応

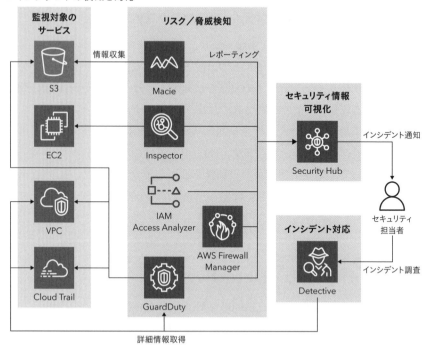

10 Audit Manager

AWS Audit Managerを利用することで、様々なセキュリティ規格をフレームワークで管理し、AWSアカウント内のリソースがコンプライアンスに違反していないか継続的に監視することができます。

11 Network Firewall

AWS Network Firewall を利用すると、ネットワークトラフィック（プロトコル、IP、ポート、ドメイン名を基にしたHTTP／HTTPS等）をきめ細かく制御するファイアウォールルールを作成し、VPC全体にファイアウォールのセキュリティを容易に導入することができます。

12 AWS Resource Access Manager（AWS RAM）

　AWS Resource Access Manager（以下、AWS RAM）を利用することで複数のAWSアカウント間、Organizations内の組織単位（OU）間、およびサポートされているリソースタイプのIAMロールおよびユーザーとリソースを安全に共有するのに役立ちます。

　多くの組織では、管理や請求の分離を行うといった目的から複数のアカウントを利用するケースが多いですが、AWS RAMを利用すると、複数のAWSアカウントで重複するリソースを作成する必要はありません。これにより、複数のアカウント間でリソースを管理する運用上のオーバーヘッドを削減することができます。

13 AWS Marketplace のサードパーティー製セキュリティ製品

　AWS Marketplaceでは、ユーザーがソフトウェアベンダーやコンサルティングパートナーからサービスを見つけて購入することできます。ユーザーは、AWS Marketplace内で購入したサードパーティー製ソフトウェアの評価、実装、サポート等、様々なサービスから選択することができます。ユーザーのビジネスニーズに合わせて、AWS Marketplaceからサードパーティー製セキュリティ製品を選定することも可能です。

AWSのセキュリティ情報を
入手できる場所

　ここでは、ベストプラクティス、ホワイトペーパー、公式文書等の探し方を解説します。

1 情報センター

　情報センターでは、AWSのユーザーから最も頻繁に寄せられる質問や要望を複数紹介しています。

●情報センター

https://repost.aws/ja/knowledge-center/

2 AWSセキュリティドキュメント

　AWSセキュリティドキュメントでは、セキュリティおよびコンプライアンスの目的を達成するためにAWSのサービスごとにセキュリティに関する設定方法を展開しています。

●AWSセキュリティドキュメント

https://docs.aws.amazon.com/ja_jp/security/

3 AWS Security Forum

AWS Security Forumでは、定期的にクラウドのセキュリティリスクを明確にし、どういったセキュリティ対策、リスクマネジメントを実施すべきかについてAWSの有識者やゲストスピーカーを招いたイベントを開催しています。

●AWS Security Forum

https://aws.amazon.com/jp/events/security-forum/

3 セキュリティの問題の特定に 向けたAWSサービスの利用

AWSの設定内容に誤りがある場合、セキュリティインシデントにつながる可能性があります。例えば、「非公開のRDSスナップショットを公開してしまう」「意図していないセキュリティグループのポートが開いていることによって攻撃されデータが漏洩してしまう」といったケースです。AWS Trusted Advisor（以下、Trusted Advisor）では、セキュリティインシデントにつながる環境になっていないかをチェックします。

また、Trusted Advisorでは、使用率の低いEC2インスタンスや使用されていないリソースの検知等、コスト最適化につながるような推奨事項（コスト最適化、パフォーマンス、セキュリティ、サービス制限、耐障害性の5つのカテゴリ）も提示してくれます。

第**2**分野の 練習問題

Q1
AWSリソースへのアクセス権を100人のユーザーに設定したい場合に利用するサービスとその最適な設定方法はどれですか。

A 100個のIAMユーザーを作り、各ユーザーにIAMポリシーを設定する。

B 100個のIAMロールを作り、各ロールにIAMポリシーを設定する。

C 100個のIAMユーザーを作り、複数のIAMグループを作る。各IAMグループに異なるAWSリソースへのアクセス権限のセットをIAMポリシーとして付与し、IAMユーザーを適切なIAMグループに所属させる。

D 100個のIAMユーザーを作り、複数のIAMロールを作る。各IAMロールに異なるAWSリソースへのアクセス権限のセットをIAMポリシーとして付与し、IAMユーザーを適切なIAMロールに所属させる。

Q2
AWSのルートユーザーのアカウントを保護するサービスや設定方法はどれですか（2つ選択）。

A ルートユーザーでログインを行う。

B 多要素認証（MFA）を利用する。

C 責任共有モデルを適用する。

D ルートユーザーのシークレットアクセスキー／アクセスキーIDを削除する。

Q3
AWS Organizations と AWS Identity and Access Management (IAM) についての記載で正しいものはどれですか（2つ選択）。

A AWS OrganizationsによりIAMグループをまたいだ統一のポリシー設定、メンバーアカウントの一括請求、予算・セキュリティ・コンプライアンスの階層的なグループ化が可能である。

B IAMロールにIAMポリシーを設定し、IAMユーザーを所属させる。

C IAMロールを使用することにより、AWSのサービスは「ユーザーID／パスワード」といった認証情報とともに、ほかのAWSのサービスにアクセスす

ることが可能である。

D AWS アカウントのルートユーザーはそのアカウントに紐づくすべての AWS リソースに対する強い権限を持つため、通常は代わりに IAM ユーザーを使用する。

Q4 | IAM ユーザーの行動と結果を確認するための AWS サービスはどれですか。

A AWS CloudTrail

B AWS WAF（Web Application Firewall）

C AWS Lambda

D AWS Shield

Q5 | AWS が提供する DDoS 攻撃からアプリケーションを保護するためのサービスはどれですか？

A AWS Shield

B AWS WAF

C Amazon Inspector

D AWS CloudTrail

Q6 | 複数の AWS アカウントでセキュリティの状態を一元管理し、セキュリティの脆弱性や非準拠事項を自動的に検出するサービスはどれですか。

A Amazon Inspector

B AWS Secrets Manager

C AWS Security Hub

D AWS Identity and Access Management（IAM）

Q7 | ネットワークセキュリティを強化するためのマネージドファイアウォールサービスはどれですか。

A Elastic Load Balancing

B AWS Direct Connect

C AWS Network Firewall

D AWS CloudTrail

解 答 と 解 説

Q1 | 正解 C

A 誤り。個々のIAMユーザーにIAMポリシーを適用するのは可能ですが、手間がかかり運用が複雑になります。IAMグループにIAMユーザーを所属させてIAMポリシーを適用します。

B 誤り。IAMロールをユーザーとして扱えません。IAMロールはAWSのサービスに設定します。

C 正しい。

D 誤り。IAMロールをIAMユーザーを所属させることはできません。

Q2 | 正解 B、D

A 誤り。ルートユーザーはAWSのリソースに対して全権限を持つため、事故を回避するために通常使用せず、IAMユーザーでログインするようにします。

B、D 正しい。

C 誤り。責任共有モデルは、直接的には関係がありません。

Q3 | 正解 A 、D

A、D 正しい。

B 誤り。IAMロールにIAMユーザーを所属させることはできません。

C 誤り。IAMロールを使用することにより、AWSのサービスは「ユーザーID／パスワード」といった認証情報なしに、ほかのAWSのサービスにアクセスが可能です。

Q4 | 正解 A

A 正しい。

B 誤り。WAFは、Webアプリケーションに対するセキュリティ攻撃を検出し、ブロックするためのマネージド型のWebアプリケーションファイアウォールです。

C 誤り。Lambdaは、サーバーレスのコンピューティングサービスです。

D 誤り。Shieldは、DDoS（分散型サービス拒否）攻撃からアプリケーションを保護するためのサービスです。

Q5 | 正解 A

A 正しい。ShieldはAWSが提供するDDoS（分散型サービス妨害）攻撃からアプリケーションを保護するためのサービスです。Shieldは、ネットワークレベルおよびアプリケーションレベル（L3ネットワーク層、L4トランスポート層、L7アプリケーション層）の攻撃からアプリケーションを守るための機能を提供します。このサービスを使用すると、自動的に攻撃を検出し、トラフィックをフィルタリングしてアプリケーションへのアクセスを制限することができます。

B 誤り。WAFは、Webアプリケーションに対する悪意のあるトラフィックや攻撃から保護するためのサービスです。Shieldと同様にセキュリティに関連していますが、WAFは主にL7アプリケーション層での攻撃に対しての保護を提供しているため、L3ネットワーク層やL4トランスポート層への攻撃を防ぐことはできません。

C 誤り。Inspectorは、アプリケーションをデプロイしたEC2インスタンスに対して、セキュリティの脆弱性の自動検出と評価を行うサービスです。アプリケーションの脆弱性を特定するために使用されますが、DDoS攻撃からの保護には関与しません。

D 誤り。CloudTrailは、AWSアカウント内でのAPIアクティビティを監視およびログ記録するサービスです。セキュリティとコンプライアンスに関連する情報を提供しますが、DDoS攻撃からの保護には関与しません。

Q6 | 正解 C

A 誤り。Inspectorは、アプリケーションをデプロイしたEC2インスタンスに対して、セキュリティの脆弱性と非準拠事項を検出するサービスです。

B 誤り。Secrets Managerは秘密情報の管理を提供するサービスです。

C 正しい。複数の AWS アカウントでセキュリティの状態を一元管理し、セキュリティの脆弱性や非準拠事項を自動的に検出するサービスとして Security Hub があります。Security Hub は、AWS リソースのセキュリティステータスを監視し、セキュリティ関連のイベントやアラートを提供します。様々なセキュリティチェックや規則を適用し、セキュリティの可視性を高めるための中央集権化されたダッシュボードとして機能します。

D 誤り。IAM は、AWS リソースへのアクセス管理を行うためのサービスです。

Q7 | 正解 C

A 誤り。Elastic Load Balancing は負荷分散を提供するサービスです。

B 誤り。Direct Connect はオンプレミス環境と AWS リージョン間の専用ネットワーク接続を提供するサービスです。

C 正しい。ネットワークセキュリティを強化するためのマネージドファイアウォールサービスとして Network Firewall があります。Network Firewall は、アプリケーションやリソースへのネットワークトラフィックを監視および制御し、セキュリティルールに基づいてファイアウォールのポリシーを適用します。これにより、不正なトラフィックや攻撃からネットワークを保護することができます。

D 誤り。CloudTrail は AWS リソースの監査ログを取得するためのサービスです。

第 9 章

AWSクラウドの
デプロイと運用方法

重要度 B

この章では、AWSのサービスにアクセスする方法、デプロイモデルの種類、AWSとの接続オプション、プロビジョニングと運用の様々な方法について、解説します。

AWSのサービス・機能に
アクセスする方法

AWSには、サービス・機能を操作するためにAWSマネジメントコンソール、AWS CLI、AWS SDKといった管理ツールが用意されています。

■ 各ツールの比較表

項目	AWSマネジメント コンソール	AWS CLI	AWS SDK
アクセス 方法	ブラウザのサインイン画面でID・パスワードを入力し、WebベースのGUIのコンソール画面でAWSサービスにアクセス	コマンドラインからCLIコマンドを使用してAWSのサービスにアクセス	プログラムの中にAWSへアクセスする処理を記述してAWSサービスにアクセス
		アクセスする際はアクセスキーやIAMロールを使用する	
活用場面	・AWSの初期設定を行う場合 ・AWSの基本的な操作をGUIで実行したい場合	スクリプトを作成して、繰り返しの処理を自動化したい場合	プログラムの中にAWSへアクセスする処理を組み込みたい場合
メリット	・サービスの一元管理がしやすい ・GUIなので、ほかの手段よりも簡単に操作できる	・何度も繰り返す処理を自動化でき、ミスを防ぎやすい ・ほかのサービスとの統合がしやすく、独自の処理フローを構築しやすい	主要なプログラミング言語をサポートしており、開発言語・環境に合わせたAPI・ナレッジが豊富に提供されている
デメリット	・操作ミスが起こりやすい（特に権限の大きなルートユーザーの場合は要注意） ・操作の自動化が難しい	アクセスキーをスクリプトに組み込む場合、流出のリスクがある	
		セキュリティリスクを抑えるため、IAMロールの使用が推奨されている	

AWSマネジメントコンソールは、WebベースのGUIでAWSを操作するツールで、AWSのほぼすべての操作が可能です。AWSの初期設定（支払先登録、アカウント設定等）もマネジメントコンソール上で実施します。また、マネジメントコンソール上で各サービスの利用料金や請求状況、リソースの利用状況等を確認することができるだけでなく、トラブルの際にサポートへの問い合わせも可能です。基本的にほぼすべてのサービスと機能の操作は、マネジメントコンソール上で対応可能ですが、一部の操作はAWS CLIやAWS SDKを

使用して実施します。

　AWS CLI（Command Line Interface）は、コマンドラインからAWSを操作するためのツールで、Windows、macOS、Linuxの主要なOS向けに提供されています。AWS CLIでは、実行したいコマンドを記述したスクリプトが利用できるため、繰り返しの操作を自動化することができます。また、AWS CLIはAWSの多様なサービスと連携可能であり、ユーザーの要件に合わせて独自のフローを構築することができます。

■ AWS CLIのイメージ

```
AWS CLI command entered
at time:2019-00-00 00:00:00.000
with AWS CLI version: aws-cli/1.16.170 Python/3.7.3 Darwin/18.6.0 botocore/1.12.160
with arguments: ['ec2', 'describe-instances', '--output', 'table']
[0] API call made
at time: 2019-00-00 00:00:00.000
…
```

　AWS SDK（Software Development Kit）は、アプリケーション開発向けのプラットフォーム構築ツールセットであり、AWS SDKを利用することで用意されたプログラムの中から直接AWSサービスやリソースとやり取りできるアプリケーションの開発が可能になります。

　AWS SDKはJavaやPython、Ruby等、主要なプログラミング用のライブラリを提供し、中にはモバイル向け・IoTデバイス向けのライブラリも用意されていることから、様々な開発環境に柔軟に対応できます。

■ SDKの種類

Java　　　NodeJS　　　.NET　　　PHP　　　Python　　　Ruby

AWSクラウドの
デプロイモデル

　AWSクラウドを導入する際に、リソースの構築先、データの保存先等の要件に合わせて導入方法を検討する必要があります。全面的にAWSクラウド上でリソースを構築するパターンもあれば、既存のオンプレミス環境とAWSクラウドを組み合わせて活用するパターン、既存のオンプレミス環境をメインで活用しつつAWSを活用するパターンもあります。それぞれのデプロイモデルの方針・ユースケース、メリットは次の通りです。

■ デプロイモデルの比較表

項目	AWS上にすべての リソースを展開	オンプレミス環境上に リソースを展開	AWSとオンプレミス環境の ハイブリットモデル
導入方針	AWSクラウド上にすべてのリソースを構築	オンプレミス上ですべてのリソースを構築	AWS上とオンプレミス環境上の両方でリソースを構築し、それらの間でインフラストラクチャとアプリケーションを接続
ユースケース	AWSのサービスを全面的に利用したアーキテクチャに改善したい場合	・データの保管要件上、データをAWS上に移行できない場合 ・性能要件上、高い応答性能を求められ、オンプレミス環境上にリソースを構築する必要がある場合	・AWSを大量のデータの保存先として、利用したい場合 ・膨大な処理を行うタイミングだけ、AWSのコンピューティングリソースを活用したい場合 ・通常時はオンプレミス環境、災害時はAWSクラウドを活用する等、災害時の対策として使用したい場合
メリット	・運用・管理、コスト面でほかのデプロイモデルよりもメリットを享受しやすい ・スピーディーな展開・開発が可能になる	データやリソースに対するコンプライアンスを担保しつつ、インフラ部分の運用・管理をAWS上で実行することができる	・AWS上の容量無制限で高い耐久性を持つストレージサービスをデータ保存先として活用できる ・災害時の復旧速度・事業継続性を高めることができる

───│ ワンポイント │───

どのデプロイモデルでもAWSのメリットを享受できますが、要件に合わせてデプロイモデルを選択します。

3 AWSクラウドとの接続オプション

　AWSクラウドと接続するには、「パブリックインターネット」「AWS VPN」「AWS Direct Connect（以下、Direct Connect）」を経由して接続を行います。

　パブリックインターネットは、インターネット上のパブリックな通信回線を経由して行う一般的な通信方法です。パブリックインターネットからAWSに接続するには、AWS上にインターネットからアクセス可能なIPアドレスを持つリソースが必要です。

　AWS VPNは、インターネット上のパブリックな通信回線を経由して、トンネリングや暗号化によってセキュリティを考慮した通信を行う方法です。AWS Site-to-Site VPNはオンプレミスの機器とAWSのネットワーク間を安全に接続します。AWS Client VPNは、デバイス上のクライアントアプリケーションを使用してAWSのネットワークに安全に接続します。

　Direct Connectは、インターネット上のパブリックな通信回線を経由せず、オンプレミスとAWSのネットワーク間を専用の通信回線で接続する通信方法です。

　それぞれのAWSとの接続方法の概要、メリット・デメリット、通信イメージは次の通りです。

■ 接続オプションの比較表

項目	AWS VPN	Direct Connect	パブリックインターネット
概要	インターネット等のパブリックな通信回線を利用して、仮想のプライベートな接続を実現する通信方法	ほかの人も利用するパブリックな通信回線ではなく、オンプレミスとAWSのネットワーク間を専用の通信回線で接続する通信方法	一般的に使用されているインターネット回線のこと

項目	AWS VPN	Direct Connect	パブリックインターネット
メリット	Direct Connectよりもコストがかからない（通信量が少ない場合）	・大容量の通信を安定して通信できる ・パブリックな通信回線上での通信ではないため、セキュリティ品質が高い	導入が比較的容易
デメリット	パブリックな通信回線上での通信となるため、接続が安定しない	専用回線を引く必要があるため、契約と初期設定に手間がかかる	・誰でも使用可能な回線を経由するため、セキュリティ面での課題がある ・通信帯域や速度保証がない

どの接続方法でAWSと通信を行うかについては、AWSへ転送するデータ容量や機密性の高さ、データ移行をいつまでに行うべきか等を総合的に考慮して判断する必要があります。

4 AWSクラウドでのプロビジョニングと運用の方法

AWSクラウドの環境構築を自動化してくれるサービスとして、AWS CloudFormation、AWS Elastic Beanstalk、AWS Service Catalogが提供されています。それぞれのサービスの概要について説明します。

1 CloudFormation

サーバーやOS、ミドルウェア等のインフラ部分の環境構築を行う際は、ソフトウェアのインストール、設定ファイルの作成・更新等の様々な作業を行う必要があります。

本来は、こうした構築作業は構築手順書等のドキュメントに沿って対応するのが一般的でしたが、ソフトウェアのバージョンアップに伴い、ドキュメントの更新が必要になり、さらに手順の実行ミス等で構築に失敗する等の不具合が生じるリスクもあります。こうした環境構築の問題を解決するために、AWS CloudFormationを活用します。AWS CloudFormationは、IaC

（**Infrastructure as Code**）と呼ばれるサーバー等のインフラ部分の構築・管理を事前に用意されたコードで実施する手法を用いて、AWSリソースの作成、更新、削除等の操作を自動化するサービスです。

また、CloudFormationを用いてテンプレートからデプロイされたAWSリソースの構成を**スタック**と呼びますが、リソースをスタック単位で削除できるため、リソースの削除漏れのトラブルも防ぐことができます。

■ AWS CloudFormationとInfrastructure as Codeのイメージ図

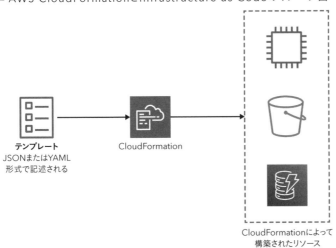

テンプレート
JSONまたはYAML
形式で記述される

CloudFormation

CloudFormationによって
構築されたリソース

■ JSON／YAMLのCloudFormationテンプレート

JSONフォーマット

```
{
    "AWSTemplateFormatVersion": "2010-09-09",
    "Resources": {
        "S3Bucket": {
            "Type": "AWS::S3::Bucket",
            "Properties": {
                "AccessControl": "PublicRead",
                "WebsiteConfiguration": {
                    "IndexDocument": "index.html",
                    "ErrorDocument": "error.html"
                }
            },
            "DeletionPolicy": "Retain"
        },
        "BucketPolicy": {
            "Type": "AWS::S3::BucketPolicy"
```

YAMLフォーマット

```
AWSTemplateFormatVersion: 2010-09-09
Resources:
  S3Bucket:
    Type: 'AWS::S3::Bucket'
    Properties:
      AccessControl: PublicRead
      WebsiteConfiguration:
        IndexDocument: index.html
        ErrorDocument: error.html
    DeletionPolicy: Retain
  BucketPolicy:
    Type: 'AWS::S3::BucketPolicy'
    Properties:
      PolicyDocument:
        Id: MyPolicy
        Version: 2012-10-17
```

参照：AWS-Black-Belt_2023_CloudFormation-1_0731_v1.pdf (awscloud.com)

2 Elastic Beanstalk

Webアプリケーションの実行環境の自動構築を行う際には、**AWS Elastic Beanstalk**が利用されます。CloudFormationとは異なり、テンプレートを用意する必要がないため、より簡単に環境構築を実施することができます。

開発者がアプリケーションの実行環境をセットアップするために必要なAWS、OS、ミドルウェア等に詳しくなくても簡単に構築を行うことができるため、アプリケーション開発に注力することができます。Elastic Beanstalkを利用する際は実行させたいアプリケーションを用意して、マネジメントコンソールやAWS CLIのパラメータに構築したい環境の設定を指定します。そうすることで、アプリケーションの実行環境がElastic Beanstalkから自動で構築されます。

3 Service Catalog

AWS Service Catalogは、CloudFormationのIaCテンプレートを管理、整理、共有することができます。この仕組みにより、組織のコンプライアンス要件を満たしながら、ユーザーが承認したAWSリソースのセットを迅速にデプロイすることができます。管理者が製品を制御しつつ、ユーザーがパッケージ化された製品を利用するのが特徴です。

製品とは、AWSリソースが定義されたCloudFormationテンプレートで、管理者が作成・変更・配布します。ユーザーは製品を利用して、リソース群を簡単にセットアップできます。ユーザーは、Service Catalog経由で製品を立ち上げる際に、製品で必要なパラメータを設定するだけで必要なリソースを立ち上げることができます。

製品の管理者は、アプリケーションをCloudFormationで定義し、インポートすることで製品を定義することができます。また、製品はService Catalog上でバージョニングされており、新しくデプロイした製品に問題が見つかった場合でも、簡単に元の状態に戻すことができます。

第 **10** 章

AWSのグローバル インフラストラクチャ

重要度 B

　AWSでは、世界中でサービスを利用するためのグローバルインフラストラクチャを提供しています。この章では、リージョンとアベイラビリティーゾーンの関係や、複数のリージョン・アベイラビリティーゾーンを利用して可用性を上げるケース、エッジロケーションについて、解説します。

1 AWSのリージョン、アベイラビリティーゾーン、エッジロケーション

　AWSでは、お互い近くに立地しているデータセンターの集まりをアベイラビリティーゾーン（Availability Zone：以下、**AZ**）といい、AZを地域ごとにグループ分けしたものを**リージョン**といいます。

　AWSには、北米、南米、欧州、中国、アジアパシフィック、南アフリカ、中東等のリージョンが存在し、日本には東京リージョンと大阪リージョンが存在します。現在、全世界にリージョンは32個、AZは102個ありますが、今後、増加することが計画されています。なお、AZ間は高速のリンクで接続されており、単一のデータセンターでは実現できない高い可用性、耐障害性および拡張性を備えています。

■ リージョンとAZ

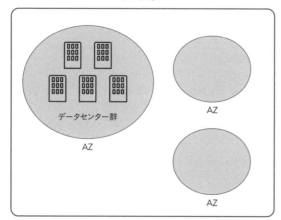

　各AZは、火災や地震等の災害または電力やネットワークの障害が発生した場合でも、ほかのAZに影響がない場所に立地しています。AZ間の距離は数キロメートル離れていますが、すべて100 km以内に配置されています。

　また、全世界にエッジロケーションが配置されています。エッジロケーショ

ンは、リージョンやAZとは異なるデータセンターです。エッジロケーションは、ユーザーがダウンロードして参照するファイル等のコンテンツのキャッシュを世界中に分散させ、各地域のユーザーがより早くコンテンツにアクセスすることを実現します。エッジロケーションはリージョンよりも多く、全世界で400カ所以上の場所に配置されています。

エッジロケーションはコンテンツキャッシュのほかに、名前解決のためのDNSサービス、アプリケーションの脆弱性を悪用した攻撃からアプリケーションを保護するWeb Application Firewall（WAF）といったセキュリティの機能を提供します。

2 複数のアベイラビリティーゾーンを使用して高可用性を実現する方法

AWSでは高い可用性（障害が起きた場合でもシステムがダウンしない特性）を目的としたアーキテクチャを検討する際は、2つ以上のAZにまたがってサーバーを冗長化します。この配置を**マルチAZ配置（Multi-AZ配置）**と呼びます。次の図は、マルチAZ配置で冗長化されたAWSの仮想サーバーであるEC2インスタンスを表していますが、ロードバランサーのマネージドサービスであるElastic Load Balancing（ELB）で負荷分散されています。マルチAZ配置の構成をとることで、AZの単一障害点を解消することができます。

■ マルチAZ配置で冗長化されたEC2インスタンス

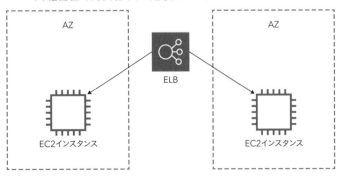

3 複数リージョンの使用

　大規模災害への対策を想定したアーキテクチャを検討する際に、複数のリージョンにまたがった高可用性構成やレプリケーション構成を採用する場合があります。この構成を**マルチリージョン**構成と呼びます。

　例えば国内の場合、東京リージョンに構成しているバックアップデータを大阪リージョンにレプリケーション（複製化）することで、東京が被災した場合においても、データを確保することが可能になります。マルチリージョン構成をとることで、リージョンの単一障害点を解消することができます。

4 エッジロケーションのメリット

1 CloudFront

　大規模なアクセスであっても、CloudFrontを利用すれば、世界中にあるエッジロケーションを活用して効率的かつ高速なコンテンツ配信が可能です。Amazon CloudFrontはコンテンツを配信するためのCDN（Contents Delivery Network）サービスです。世界中のエッジロケーションのネットワークを活用してリクエストに対応し、保管されているコンテンツを少ない待ち時間と高速データ転送速度で配信します。そのため、わずらわしい契約や最低利用期間等を必要とせず配信を開始できます。

2 Route 53

　エッジロケーションを活用してDNSを提供するサービスにAmazon Route 53があります。ユーザーに一番近いエッジロケーションからDNSクエリの結果を返すことができるため、低レイテンシーを実現しています。DNSクエリ

では、ドメイン名からIPアドレスを取得します。事前にRoute 53にレコードを登録することで名前解決を行います。

3 Shield

CloudFrontとRoute 53は、マネージド型の分散型サービス妨害（DDoS）攻撃に対する保護サービスである**AWS Shield Standard**の対象となっています。AWS Shield StandardをCloudFrontとRoute 53とともに使用すると、追加料金なしでインフラストラクチャ（L3ネットワーク層、L4トランスポート層）を標的とした既知の攻撃すべてから包括的に保護することができます。また、CloudFrontとRoute 53では、大規模で高度なDDoS攻撃に対する追加の検出および緩和策と、ほぼリアルタイムの可視性を提供する**AWS Shield Advanced**も使用することができます。

MEMO

第 11 章

AWSの
コンピューティング
サービス

重要度A

この章では、AWSのコンピューティングに関する基本的な知識を解説します。コンピューティングに属するサービスは、仮想マシンであるEC2を起点として、AWSが運用とセキュリティを担うレベルを選択することで利用するAWSサービスが異なると考えるとわかりやすいでしょう。

1 コンピューティングの全体像

　第5章で解説した**責任共有モデル**では、AWSが運用とセキュリティの責任を担当する階層が存在します。責任共有モデルの文脈では、AWSのサービスを**マネージドサービス**とも呼びます。

　次の図では、コンピューティングに分類されるサービスをこの責任共有モデルの違いで表しています。AWSが責任を持つ範囲を、色付きの階層で示しています。シナリオによる例外を除いて、ユーザーの自由度や管理負荷は、おおむね図で示しているような傾向にあると考えます。

　例えば、EC2ではOSがAWSによってインストールされた仮想マシンがユーザーに提供され、ハードウェアがAWSの責任範囲となります。ユーザーはこのOSの上に比較的自由にミドルウェアやアプリケーションをインストールすることができます。このような形態のサービスを **Infrastructure as a Service**（以下、**IaaS**）といいます。

　一方、Elastic Beanstalkでは、ミドルウェアまでがAWSの責任範囲です。ユーザーは利用できるミドルウェアを、AWSが指定したものだけから選択できます。例えば、Webサーバーでは Apache、Nginx、Passenger、IIS等が選択可能となります。このような形態のサービスを **Platform as a Service**（以下、**PaaS**）といいます。Elastic Beanstalk のような PaaS は IaaS よりもユーザーの自由度が低くなっていますが、AWSが運用とセキュリティに責任を持つ分、逆にユーザーの運用負荷はEC2のようなIaaSよりも低くなります。

　Lambdaはさらにコード内の関数（ファンクション）を実行する基盤ですが、それより下の階層がAWSの責任範囲となります。AWS Lambda は **Function as a Service**（以下、**FaaS**）とも呼ばれます。

■ コンピューティングの各サービス

	AWS Outposts	EC2	Elastic Beanstalk	Amazon Lightsail	AWS Batch	Lambda
AWSが責任を持つ範囲	ファンクション	ファンクション	ファンクション	ファンクション	ファンクション	ファンクション
	アプリケーション	アプリケーション	アプリケーション	アプリケーション	アプリケーション	アプリケーション
	ミドルウェア	ミドルウェア	ミドルウェア	ミドルウェア	ミドルウェア	ミドルウェア
	ランタイム	ランタイム	ランタイム	ランタイム	ランタイム	ランタイム
	OS	OS	OS	OS	OS	OS
	仮想環境	仮想環境	仮想環境	仮想環境	仮想環境	仮想環境
	ハードウェア	ハードウェア	ハードウェア	ハードウェア	ハードウェア	ハードウェア
利用シナリオ	セキュリティの上の制約で自社のデータセンターにデータを保存する必要がある場合や、AWSリージョンがない国・地域でAWSの運用面のメリットを享受したい場合に利用	クラウド上で稼働する仮想マシンとして利用。この上にユーザーがアプリケーションをインストールする	Webアプリケーション環境を自動構成するマネージドサービス。3階層のEC2やRDSで構成され、本番環境で利用	Webアプリケーション環境を自動構成するマネージドサービス。テスト環境やスモールビジネスで利用	負荷が急激に増減するバッチ処理のワークロードに利用	ビジネスロジック(関数)の開発に専念し、サーバーの構築、運用の負荷を低減する

高 ←————— **ユーザーの自由度と管理負荷** —————→ 低

2 EC2

■ EC2とは

Amazon Elastic Compute Cloud（以下、EC2）は、クラウド上で稼働する仮想マシンです。ユーザーがEC2を作成すると、例えばWindows ServerやLinux、MacOSといったOSが、AWSによってあらかじめインストールされた状態で、仮想マシンが提供されます。

ユーザーは、インスタンス上に自らミドルウェアやアプリケーションをインストールすることができます。EC2の構成はAmazon Machine Image（以下、AMI）という形でテンプレート化することが可能です。AMIにすると、そこからいくつも同じ構成で複製ができます。EC2は責任共有モデル上、ハードウェア階層までがAWSの責任範囲となります。

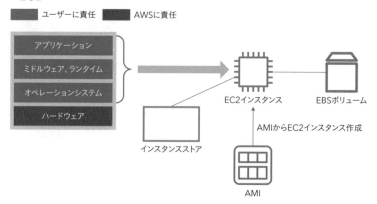

■ EC2

■ ユーザーに責任　■ AWSに責任

アプリケーション
ミドルウェア、ランタイム
オペレーションシステム
ハードウェア

インスタンスストア

EC2インスタンス

EBSボリューム

AMIからEC2インスタンス作成

AMI

■ EC2のストレージ

　EC2には、2種類のストレージがあります。1つはホストコンピュータに内蔵された**インスタンスストア**、もう1つはElastic Block Store（以下、EBS）です。

　インスタンスストアは、インスタンスが稼働するハードウェアにアタッチされたストレージです。EBSは、**EC2インスタンスに接続すると、EC2のOSからCドライブやDドライブといったディスクとして認識され、アクセスが可能となるブロックストレージ**です。EBSは、プロビジョンドIOPS（io1またはio2）のボリュームに対して、EBSマルチアタッチを設定することで、同一AZ内にある複数のインスタンスにアタッチすることができます。また、仮想ファイルサーバーであるElastic File System（EFS）は、複数のEC2インスタンスから接続できます。

■ EC2のIPアドレス

　EC2には、**プライベートIPアドレス**、**パブリックIPアドレス**、Elastic IP（以下、EIP）の3つの種類のIPアドレスが存在します。**重要な相違点は、インスタンスの再起動によってIPアドレスが維持されるかどうか**にあります。

　ここで説明するパブリックIPアドレス、プライベートIPアドレスの考え方は、ほかのAWSサービスにも適用できます。

■ EC2インスタンスに付与できるIPアドレス

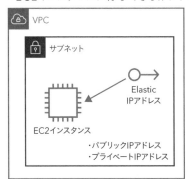

IPの種類	特徴
Elastic IP（EIP）アドレス	・再起動してもIPアドレスが維持される
パブリックIPアドレス	・ランダムに割り当てられるためIPアドレスを指定できない ・インスタンスを再起動すると別のIPアドレスが割り当てられる ・割り当てないことも可能
プライベートIPアドレス	・インスタンス作成時に必ず割り当てられる ・インスタンス作成時にIPアドレスを指定できる ・再起動しても同じIPアドレスが割り当てられる

● プライベートIPアドレス

　プライベートIPアドレスは、EC2インスタンスに必ず割り当てられる、インターネットからアクセスできない内部ネットワークアクセス用のIPアドレスです。**プライベートIPアドレスは、インスタンスを再起動してもIPアドレスは維持されます。**インスタンス作成時にインスタンスが配置されるサブネット内のIPアドレスであれば、ユーザーが指定可能です。

● パブリックIPアドレス

　パブリックIPアドレスは、インターネットからアクセスできるIPアドレスです。**パブリックIPアドレスは、インスタンスを再起動すると別のIPアドレスが割り当てられてしまいます。**また、インスタンスに対してパブリックIPアドレスを自動で割り当てることも、割り当てないこともできます。なお、EC2のパブリックIPアドレスは無料で提供されておりましたが、2024年2月より課金が発生するようになります。

● Elastic IPアドレス

　Elastic IPアドレスもインターネットからのアクセスをできるIPアドレスです。パブリックIPアドレスとの違いは、**インスタンスを再起動してもIPアドレスは維持されます。**なお、利用していないEIPのみ課金が発生するのが特徴

でしたが、2024年2月より取得しているすべてのEIPで課金が発生するように
なります。

■ ハードウェア専有インスタンスとDedicated Hosts

EC2では、複数のアカウントがホストコンピュータを共有する**マルチテナン
シー**のほかに、ユーザーのAWSアカウントに専用のホストコンピュータを利
用するオプションとして**ハードウェア専有インスタンス**と Dedicated Hosts
が選択できます。**ハードウェア専有インスタンスと Dedicated Hosts のいず
れも、AWSアカウント専用のハードウェアとして提供されます。**

ではこの2つはどこが異なるのでしょうか。ハードウェア専有インスタンス
は、専用のホストコンピュータを使用しますが、**配置するホストコンピュー
タをユーザーがコントロールすることはできません**。一方で、Dedicated
HostsのホストコンピュータにはIDが付与され、使用可能な任意のホストコ
ンピュータでEC2インスタンスが起動するほか、**ユーザー自らがインスタン
スを配置するホストコンピュータを選択できます**。このホストコンピュータを
Dedicated Hostと呼びます（ここでは1台のホストコンピュータを表すため単
数形とします）。

特にDedicated Hostsの場合は、**課金単位もDedicated Host単位となり、
Dedicated Host単位でソケット、コアが可視化されます**。これらの機能から、
EC2インスタンスにインストールするソフトウェアのライセンス要件を満たし
やすくなります。

組織によっては、機密データを専有のホストコンピュータに保存しなければ
ならない要件がありますが、こうした場合でもハードウェア専有インスタン
スと Dedicated Hosts は有効な選択肢となります。Dedicated Hosts は、**Host
Recovery**の機能によって予期しないハードウェアの障害が発生した際に、新
しいホストでインスタンスを自動的に再起動することができるため、復旧まで
の時間を短縮すると同時に運用負荷を低減させることが可能です。

■ ハードウェア専有インスタンスとDedicated Hosts

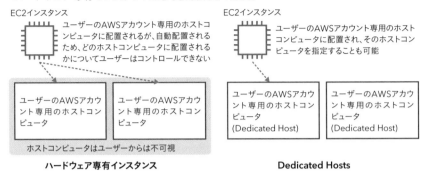

ハードウェア専有インスタンス

Dedicated Hosts

特徴	ハードウェア専有インスタンス	Dedicated Hosts
物理サーバーを専有する	○	○
インスタンス当たりの課金	○	
ホスト当たりの課金		○
ソケット、コア、ホストの可視性		○
ホストとインスタンス間のアフィニティ		○
インスタンスの自動配置	○	○

■ ベアメタル

EC2には**ベアメタル**というインスタンスタイプもあります。ベアメタルとは、OS等のソフトウェアが一切インストールされていない状態のサーバーと考えるとわかりやすいです。ライセンス付与やサポート要件のため、あるいは自前のハイパーバイザー（仮想マシンを実行するための仮想化技術）を使用したいと考えているユーザーや非仮想環境で実行（ハードウェア上に直接OSをインストール）する必要のあるユーザーが利用できます。

■ インスタンスタイプ

EC2では、インスタンスタイプと呼ばれる、様々な性能要件を想定した分類が用意されており、大きく5つのカテゴリーに分けられています。それぞれのインスタンスタイプの特徴や用途は次の図の通りです。

■ インスタンスタイプの特徴と用途

種別	インスタンスタイプ	特徴	対象サーバー	用途
汎用	M系、T系等	汎用的に使用可能CPU／メモリの配分バランスがよい	基本的なシステム全般	・幅広く活用する。Web／AP／DBサーバー等
コンピューティング最適化	C系	コンピューティング（CPU処理）を重視	APサーバー	・処理能力が求められる ・バッチサーバー、APサーバー等
メモリ最適化	R系	メモリ量を重視	AP／DBサーバー	・メモリを多く利用するAPサーバー ・DBサーバー
	X系	大容量のメモリおよびCPUを搭載	HANA DBサーバー	・HANA DBを代表としたインメモリDB
高速コンピューティング	P系等	高速コンピューティング（GPU）を搭載	―	・高速な処理能力が求められる ・機械学習、計算力学、動画レンダリング等
ストレージ最適化	I系等	ディスクスループットを重視	―	・分散処理能力が求められる ・分散コンピューティング等
HPC最適化	Hpc系	ハイパフォーマンスコンピューティング（HPC）向けに最適化	―	・計算負荷の高いHPCワークロード向け ・大規模で複雑なシミュレーション、深層学習のワークロード等

　また、インスタンスタイプは、次の図のような命名規則に従って、名前が決められています。インスタンスファミリーは、用途やハードウェアの特性で分類された種別を示します。世代は、数字が大きいほど新しい世代であることを示し、新しい世代になるほど性能面・コスト面で優れています。オプションは、利用できるCPUの種類やネットワークに特化した機能の特徴を示しており、インスタンスタイプによっては表記されていないこともあります。インスタンスサイズは、CPUやメモリ、ストレージ、ネットワーク性能を示しており、smallやlarge等で性能の高さを表現します。

■ インスタンスタイプの表記

M	5	a.	Large
インスタンスファミリー	世代	オプション	インスタンスサイズ

3 Elastic Load Balancing／Auto Scaling

　ユーザーの多いWebサイトでは、多くのリクエストを見越して複数台のサーバーでアプリケーションを公開するのが普通です。その際に、AWSではユーザーからのリクエストを各サーバーに均等に振り分ける負荷分散の仕組みを提供する**Elastic Load Balancing**（以下、ELB）と呼ばれるサービスを使用します。

■ Elastic Load BalancingによるWebサーバーの負荷分散の例

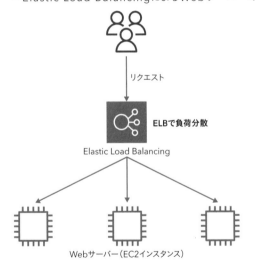

リクエスト

ELBで負荷分散

Elastic Load Balancing

Webサーバー（EC2インスタンス）

　ELBでは、次の表に示すように、4種類のロードバランサーが提供されています。それぞれのロードバランサーによって、サポートされるネットワーク・レイヤーやプロトコル、特徴が異なるため、**利用する場合に最適な種類のロードバランサーを選択していく必要があります。**

■ ELBの種類

	Application Load Balancer (ALB)	Network Load Balancer (NLB)	Gateway Load Balancer (GWLB)	Classic Load Balancer (CLB)
サポートプロトコル	HTTP、HTTPS	TCP、UDP、TLS	IP	HTTP、HTTPS、TCP／TLS、SSL
主なユースケースと特徴	・リクエストのコンテンツ（部署ごとに異なるURL等）に基づいて適切なサーバーにリクエストをルーティングする場合 ・LambdaやIPアドレス、Fargateコンテナもルーティングのターゲットにできる	・固定IPアドレスの設定 ・1秒間に数百万件のリクエストを処理するような高度なパフォーマンスが必要な場合。IPv4のほか、IPv6にも対応 ・IPアドレス、Fargateコンテナもルーティングのターゲットにできる	サードパーティーのアプライアンスをデプロイ、拡張、実行する場合	アプリケーションがEC2 Classic ネットワーク（VPCの以前のネットワーク）内に構築されている場合。ほかのELBへ移行することを推奨

　UDPプロトコルが唯一サポートされるNetwork Load Balancer（以下、NLB）では、認証認可やDNS、IoT等のUDPプロトコルに依存するアプリケーションが実行できます。特にDNSでは、TCPとUDP両方のサポートが必要になります。また、NLBはIPv6にも対応しています。

　Gateway Load Balancer（以下、GWLB）は、クラウド上に侵入検知やファイアウォール等のサードパーティの仮想セキュリティアプライアンス（仮想環境で動くセキュリティ製品）を導入する際に有効なELBといえます。リクエスト（トラフィック）は自組織のVPCにInternet Gateway経由で入りますが、アプリケーションサーバーにルーティングされる前にGWLB Endpoint経由でサードパーティのVPCにあるGWLBにルーティングされます。同様に、アプリケーションサーバーを離れるすべてのトラフィックは、Internet Gateway経由でインターネットにルーティングされる前に、GWLB Endpointを経由してGWLBにルーティングされます。

　オンプレミスの世界では従来、ユーザーリクエストが最も多いピーク時のリクエスト数からサーバーの台数を予測し、その台数分のサーバーを用意してロードバランサーの下に配置していました。しかしながら、ピーク期間は朝の始業後や昼休み後の10分といったように短いケースが多いため、それ以外の

時間帯は用意した多数のサーバーが無駄になってしまいます。

■ GWLBの仕組み

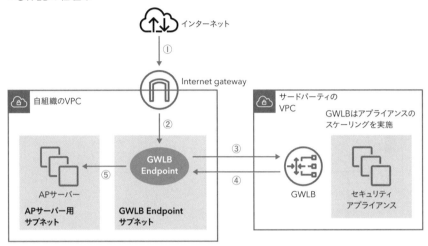

一方、**AWSではリクエスト数、つまり負荷に応じてサーバー数を自動で増減（自動スケーリング）させることで適切な台数を維持する仕組みを提供する** AWS Auto Scaling（以下、Auto Scaling）があります。Auto Scalingグループにサーバー群を所属させた場合、例えばサーバー群の平均CPU使用率を閾値として設定するとします。リクエスト数が増加し、サーバーのCPUの平均使用率が上限の閾値（85%等）を超えると、Auto Scalingはサーバーを自動で追加します。逆に、CPUの平均利用率が下限の閾値（15%等）を下回る場合は、サーバーを自動で削除します。

起動したインスタンスは複数のAZ間で均等にバランシングされます。 さらにApplication Load Balancer（以下、ALB）では、**最小未処理リクエスト（LOR）アルゴリズム**を利用することで、サーバー内で未処理のリクエスト数が最も少ないサーバーにリクエストを送信することもできます。これにより細かく均等な負荷分散が行われます。

次にVPC（AWSの仮想ネットワーク）に配置されたELBとAuto Scalingグループを示します。Auto Scalingでは、EC2インスタンスの起動条件を定義するポリシーにMixedInstancesPolicyを指定すると、**1つのグループ内に複数のインスタンスタイプを起動テンプレート（AMI）として定義できます。** これ

により、異なるインスタンスタイプのEC2インスタンスが同じグループ内で
Auto Scalingにより起動されます。

■ ELBによる負荷分散とオートスケーリンググループ

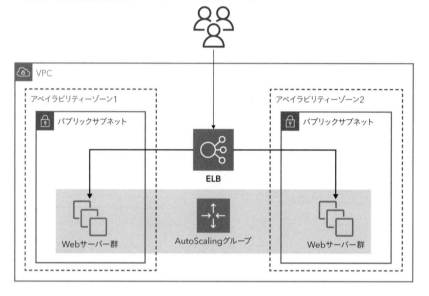

また、**AWS Compute Optimizer**という無料のサービスでは、EC2のCPU使
用率、メモリ使用率やオートスケーリンググループの設定データを機械学習で
分析し、どのようなスペックのコンピューティングリソースの利用が最適かをコ
スト削減とパフォーマンスの観点から特定します。過剰なスペックのEC2イン
スタンスが利用されている場合は、推奨事項とコスト削減効果が示されます。

4 Elastic Beanstalk

AWS Elastic Beanstalk（以下、Elastic Beanstalk）は、Webアプリケーショ
ン環境を自動構成するマネージドサービスです。Elastic Beanstalkでは、Web
アプリケーションを実行するのに必要なWebサーバー、アプリケーションサー

バー、データベースサーバー等の構成をAWSの各種マネージドサービスを使用して自動的にプロビジョニングおよび設定を行います。

ユーザーが大きく寄与するのはアプリケーションコードです。Javaや Pythonで記述したコードをwar形式もしくはzip形式でアップロードすると、Webサーバー上で稼働するようになっています。**ビジネスの要求上、高い可用性を持たせつつも、構築と運用をAWSに依存したい場合には、Elastic Beanstalkを選択します。**

■ Elastic Beanstalkの構成

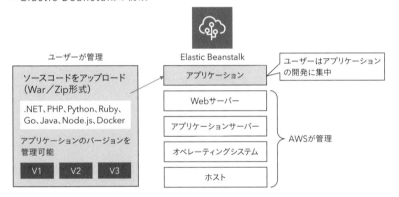

Java、.NET、PHP、Node.js、Python、Ruby、GoおよびDockerを使用して開発されたWebアプリケーションをApache、Nginx、Passenger、IIS等のよく利用しているアプリケーションサーバーでデプロイすることができます。

■ Elastic Beanstalkで利用可能な主なアプリケーションプラットフォーム

言語	開発スタック
Java	Apache Tomcat for Java／Jave SE
PHP	Apache HTTP Server for PHP
Python	Apache HTTP Server for Python
Node.js	Nginx or Apache HTTP Server for Node.js
Ruby	Passenger or Puma for Ruby
.NET	Microsoft IIS 7.5、8.0、8.5 for .NET
Docker	Dockerコンテナ
Go	Go

アプリケーションはバージョン管理されており、以前のバージョンに戻すことが可能です。プラットフォームのバージョンも自動的にアップデートできます。

5 Lightsail

例えば、Webサーバーを1台だけ新たに作成し、OSにログインして簡単な検証をしたいとします。通常、そのためには特定のリージョンにVPCとサブネットを作成し、EC2インスタンスを作成して配置しますが、ログインするまでにユーザー自らがこのような作業を行う必要があり、負担になります。そこで、**Amazon Lightsail**（以下、Lightsail）を利用することによってVPCやサブネット、およびEC2の作成等の作業を簡易化し、作業負荷を軽減することが可能です。

Lightsailは仮想プライベートサーバー（Virtual Private Server、VPS）サービスとも呼ばれ、1台もしくは負荷分散された複数台のLightsailインスタンスと必要に応じて利用するマネージドデータベース（MySQLもしくはPostgreSQL）で構成されます。このマネージドサービスはマルチAZ構成が可能です。

Lightsailインスタンスが配置される環境は、ユーザーからは不可視なShadow VPCとして提供されます。Lightsailインスタンスも一種の仮想マシンですが、このような特殊な環境に配置されるため、EC2インスタンスとは区別します。Shadow VPCにあるLightsailインスタンスからAWSのほかのサービスとも連携するために、ほかのサービスが提供されているDefault VPCと接続することも可能です。次の図はLightsailがマネージドデータベースではなく、VPC内の**Amazon Relational Database**（RDS）に接続しています。マネージドサービスにはない種類のデータベースエンジンを利用する等、ほかのサービスからもこのデータベースにアクセスさせるシナリオが想定されます。

なお、VPC間の接続の仕組みをVPCピア接続といいます。Default VPCとは、AWSアカウントが作成された際にデフォルトで用意されるVPCのことです。

■ Shadow VPC

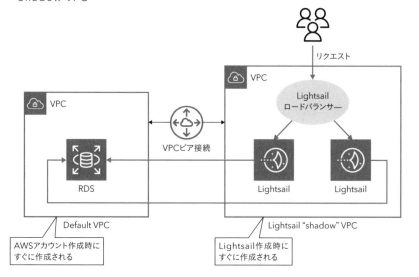

　Lightsailでは、OSとOS上にインストールするアプリケーションを選択することができますが、作成時にインストールせず、後からインストールすることも可能です。次にインストールできるOSとアプリケーションテンプレートおよび開発者スタックを示します。

■ Lightsailのテンプレート

オペレーティングシステム	Amazon Linux、Ubuntu、Debian、FreeBSD、OpenSUSE、Windows Server
アプリケーション	WordPress、Magento、Drupal、Joomla!、Ghost、Redmine、cPanel & WHM、Plesk
開発者スタック	Node.js、Gitlab、LAMP、MEAN、Nginx

　また、LightsailはLightsail Containersにより、**EC2インスタンスと同様にコンテナ化されたワークロードもクラウド環境に展開することが可能です。**なお、コンテナとはアプリケーションのコードとその依存関係をパッケージしたものです。コンテナはOSを論理的に分割した領域で稼働するため、ハードウェアリソースを節約できるほか、開発環境や実稼働環境といった異なるコンピューティング環境間で移動が容易なこと等が特徴です。より細かい設定や制御が必要な場合は、コンテナを稼働・運用する専門のサービスである

Amazon Elastic Container Service（ECS）やAmazon Elastic Kubernates Service（EKS）、Fargate を利用します。

　LightsailはEC2へのアップグレードのためのウィザードによって、そのスナップショットから新しいEC2インスタンスを起動することが可能です。

　Lightsail インスタンスをベースに、実稼働環境としてより複雑なシステム構成が必要な場合に**Lightsail を EC2 にアップグレードし、VPC で利用すること**は有益です。はじめから実稼働環境となるVPCで3階層のWebアプリケーションを構成し、運用負荷を低減したい場合は、Lightsailではなく**Elastic Beanstalk**を利用することを検討します。

---

6 Lambda

　AWS Lambda（以下、Lambda）は、ユーザーがEC2のようなサーバーを構築・運用することなく、PythonやJava等の言語でコーディングするビジネスロジックに集中するだけで、アプリケーションを実行することができるコンピューティングサービスです。Elastic Beanstalk ではAWSがWebサーバーまでを管理し、ユーザーはソースコードをアップロードしていました。イメージ的には、このソースコードの中の関数を実行する仕組みをLambdaが提供します。ソースコードよりも下の階層はAWSが管理します。

　Lambda ではAWS サービスでイベントが発生した際にこのソースコードを実行します。例えば、AWSのストレージサービスであるS3にファイルが保存された場合、それをユーザーに通知するケースを想定します。ここでは、**S3で発生したイベントに対応してLambda関数に記述された通知処理を実行させ**ています。もしLambdaがない場合、ストレージの状態を監視し続けるアプリケーションが必要となります。それをEC2で稼働させる場合は、稼働した時間分だけ料金がかかります。Lambdaは実行された時間のみの課金となるため、同様の処理を**EC2 で実行させる場合に比べるとコストが大幅に削減できます。**

■ S3にオブジェクトが保存された場合の通知方法の比較

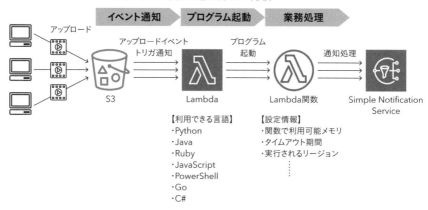

　S3以外にも、DynamoDB（NoSQLデータベースのマネージドサービス）やEFS（ファイルストレージのマネージドサービス）といったサービスにおける保存処理等のイベントに対してLambda関数は実行できます。これらのサービスに加えて**Lambdaはコンテナもサポートしており、イベント発生時にコンテナそのものを起動することもできます。コンテナにあらかじめ実行させたいソースコードやライブラリをパッケージ化しておきます。**

---

7 | Batch

　バッチコンピューティングとは、複数台のサーバー（EC2インスタンス）で構成されるサーバー群（クラスター）を活用して、様々なデータ集計の計算・分析作業等の負荷の重い大規模な計算を実行する処理を指します。**AWS Batch**（以下、Batch）は、この**バッチコンピューティングを行うためのマネージドサービス**です。クラスターを構成するサーバーの運用はAWSに任せることができます。計算を行うためのジョブは、クラスターの上で稼働するコンテナです。コンテナはOSが持つリソースを分割し、それぞれを独立した実行環境としたもので、これにより1つのEC2インスタンスのOS上に多くのコンテナ、つまりジョブを多く載せることができ、リソースを有効活用できます。コ

ンテナはスケジューラによって実行されます。計算の負荷に応じてコンテナは
スケールします。

■ Batch

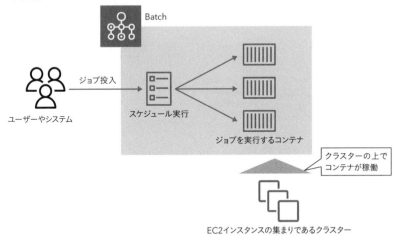

8 | **OutPosts**

AWS Outposts（以下、Outposts）は、**AWSのインフラストラクチャと
サービスをオンプレミスで実行できる**サービスです。ユーザーがEC2のコン
ソールから申し込むと、AWSの指定する業者がユーザーのデータセンター
にOutpostのハードウェアを配達してラックに設置し、データセンター内の
ネットワークに接続します。ハードウェアの運用管理もAWSが行います。
**OutpostsではEC2のほか、ECS、EKS、RDS、EMRといったAWSのサービ
スが稼働します。**パッチ適用等の運用タスクはAWSが行います。運用を担当
するIT部門はオンプレミスとクラウドにまたがる範囲で、同じマネジメント
コンソールやコマンドを使ってリソースの管理が可能となります。通常のハイ
ブリッドクラウドではハードウェアの購入、サポート、ソフトウェアの更新が
別途必要となりますが、Outpostsではその必要がありません。例えば、「**自社**

のセキュリティポリシー等の関係でパブリッククラウドにデータを保存できない場合」「**AWS リージョンがない国、地域で AWS の運用面のメリットを享受したい場合**」「**オンプレミスのほかのシステムと高速のネットワーク接続したい場合**」等に Outposts は有効な手段となります。

■ Outposts

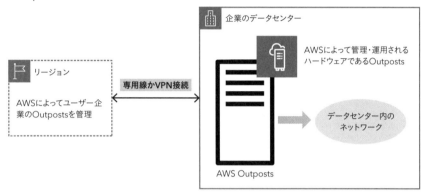

Outposts はオンプレミスに設置されますが、リージョンを Outposts に延伸したような形で、VPC の構成に組み込まれます。Outposts は必ず1つのリージョンに紐づきます。

■ OutpostsとVPC

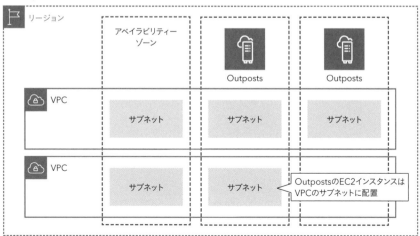

9 | Local Zones

AWS Local Zones（以下、Local Zones）は、リージョンの拡張サービスであり、リージョンよりもユーザーに近い場所で一部のサービス（アプリケーションの実行環境、ストレージ等）を提供します。Local Zonesを利用することで、特定のエリアからのリクエストに対して、非常に低いレイテンシーを実現することが可能になります。なお、Local Zonesは、特定のリージョンの一部のとして取り扱われます。例えば、ロサンゼルスのLocal Zoneは、米国西部(オレゴン)リージョンの一部です。

10 | Wavelength

AWS Wavelength（以下、Wavelength）は、5GネットワークとAWSを接続して、低遅延のアプリケーションやサービスを提供するためのサービスです。Wavelengthを利用することで、低レイテンシーで広い帯域幅の5Gネットワークの利点を活かすことができるので、非常に低いレイテンシーのアプリケーションサービス、デプロイ、スケーリング等が実現可能となります。

Local ZonesもWavelengthも共にEC2のダッシュボードから有効化の設定を行うことで、サブネット作成時に選択することができます。

11 | コンテナ

■ コンテナの概要

　コンテナとは、仮想化技術の一つで、OS上に論理的に分割した実行環境を構築することにより、複数の異なる実行環境をより少ないコンピュータリソースで実現する技術のことです。AWSからは一連のコンテナに関するサービスが提供されています。

　コンテナはOS上に論理的に境界を作る技術ですが、その中でお互い独立したアプリケーションが稼働します。コンテナが稼働するためのコンテナ型仮想化技術では、**Docker**が有名です。1つのOSで1つのアプリケーションを稼働させるよりも、コンテナ内にアプリケーションを保持した方がOSの上に複数のコンテナ、つまりアプリケーションを配置でき、結果的にハードウェアのリソースの有効活用が可能となります。そして、アプリケーションの起動は仮想化技術上のOS（仮想マシン）を起動するよりも高速です。

| **ワンポイント** |

> 迅速にキャパシティを増減させるようなシナリオにコンテナは活用されます。

■ コンテナの仕組み

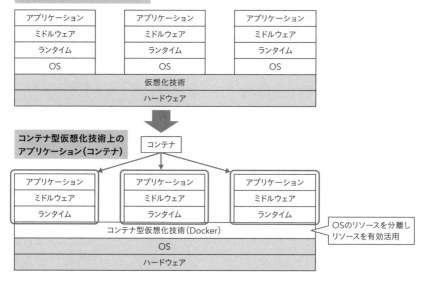

仮想化技術上のアプリケーション

アプリケーション	アプリケーション	アプリケーション
ミドルウェア	ミドルウェア	ミドルウェア
ランタイム	ランタイム	ランタイム
OS	OS	OS

仮想化技術

ハードウェア

コンテナ型仮想化技術上の
アプリケーション（コンテナ）　　コンテナ

アプリケーション	アプリケーション	アプリケーション
ミドルウェア	ミドルウェア	ミドルウェア
ランタイム	ランタイム	ランタイム

コンテナ型仮想化技術（Docker）　　OSのリソースを分離し
　　　　　　　　　　　　　　　　　　　リソースを有効活用

OS

ハードウェア

■ コンテナの全体像

　コンテナが増加し、コンテナが稼働するサーバーの台数が多くなる場合、こ
れらのサーバーにまたがってコンテナを配置し（例えば、稼働率の小さいサー
バーに優先的にコンテナを配置する）、起動や停止する管理的作業を行うため
のツールが開発されています。これを**オーケストレーションツール**といいま
す。Googleがオープンソースとして開発・公開したオーケストレーションツー
ルが**Kubernetes**（K8s）です。AWSではこれをマネージドサービス化した
Elastic Container Service for Kubernetes（以下、EKS）が提供されています。

　ほかにも、AWSは**Amazon Elastic Container Service**（以下、ECS）を提
供しています。ECSも複数の**Docker**コンテナ（以下、コンテナ）を管理する
オーケストレーションサービスですが、KubernetesではなくAWS独自実装に
よるオーケストレーションサービスのマネージドサービスです。

　EKSもECSもコンテナの管理は行いますが、その下の階層であるサーバー
（ノードともいいます）のプロビジョニングの管理が必要です。一方で、**AWS
Fargate**（以下、Fargate）というサービスは、**コンテナに割り当てるリソース
（CPU／メモリ）を指定するだけで、実行するサーバーのプロビジョニングや**

管理が不要となります。このような運用負荷の低減がFargateの大きなメリットです。

　また、AWSではコンテナのイメージを保存する場所（レジストリ）として、AWS Elastic Container Registry（以下、ECR）というサービスを提供しています。**ECRは従来、VPC内で実行されるプライベートなDockerレジストリのマネージドサービスでしたが、パブリックレジストリとしても利用可能となりました**（ECR Public）。これによってコンテナのイメージをパブリックに公開し、検索・ダウンロードしてもらうことが可能です。

　次にコンテナに関するサービスの全体像を示します。これらコンテナのサービスは主に3つの構成要素に分類されます。

■ コンテナの全体像

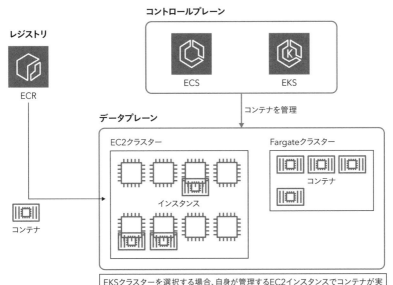

EKSクラスターを選択する場合、自身が管理するEC2インスタンスでコンテナが実行される。
Fargateクラスターでは、コンテナに割り当てるリソース（CPU／メモリ）を指定するだけで実行するコンピューティング環境のプロビジョニングや管理が不要となる

■ データプレーン

　データプレーンは、それぞれのコンテナが稼働するための実行環境のことです。複数のコンテナが、データプレーン上で実行されます。具体的には、EC2クラスターとFargateクラスターです。クラスターとはコンピューティング環

境、つまりサーバーの集まりですが、先に述べたようにFargateでは実行するサーバーのプロビジョニングや管理は不要です。

■ コントロールプレーン

コントロールプレーンは、コンテナの管理を行うものです。コンテナをどのデータプレーンのコンピューティング環境で動作させるのかの判断や、コンテナの死活監視等を行います。具体的にはECSとEKSです。**いずれのサービスも、EC2クラスター、Fargateクラスターにコンテナを配置して管理ができます。**もともとFargateはAWSが独自実装したECSのみがデータプレーンとして利用できましたが、現在はEKSもFargateをデータプレーンとして利用できます。

■ レジストリ

レジストリは、コンテナの元となるイメージが格納されている場所です。必要に応じて、レジストリはデータプレーン（実行環境）へコンテナを配置します。

第 **12** 章

AWSの
データベースサービス

重要度 A

この章では、AWSのデータベース関連サービスに関する基本的な知識を解説します。各サービスの概要を押さえたうえで、利用シナリオによるデータベースサービスの使い分けを把握することがポイントです。

データベースの全体像

　AWSが提供しているデータベース関連サービスでは、特徴や用途の違いを理解して最適なサービスを選択することが必要です。RDS、Aurora、DynamoDB、MemoryDBといった以前から存在しているデータベース以外にも、いくつかの新しいデータベースサービスが提供されています。ドキュメントデータベースのDocumentDB、グラフデータベースのNeptune、時系列データベースのTimestream、台帳データベースのQLDB等、様々なNoSQLデータベースサービスを選択できます。それぞれに適した用途が存在し、用途に応じて使い分けることで、単にリレーショナルデータベースを利用するよりも効果的な実装が可能になります。

■ リレーショナルデータベース

リレーショナルデータベース（RDB）は、データのトランザクションを正確に記録し、SQLインターフェースでアクセスできる特徴を持ちます。

　トランザクションとは、データベースに対する一連の処理です。よく知られている例として、銀行口座の処理があります。AさんがBさんの口座にお金を振り込む際に、Aさんの口座から振り込んだ金額を引き、Bさんの口座に同じ金額を増やします。処理の途中でAさんの口座から金額を引かれた後にシステムがダウンしてしまい、Bさんの口座の金額に変動がなかったとすると、Aさんの口座の金額だけが消失してしまうことになります。そのため、このようなダウンがあれば、Aさんの口座から金額を引く処理自体も取り消しされます。このように確実に一連の処理を行うか、途中で失敗したら関連するすべての処理を取り消すことで、全体としてデータの一貫性を保持する処理をトランザクションといいます。リレーショナルデータベースはこの特徴を持っています。

■ NoSQLデータベース

　一方、**NoSQLデータベースとは、リレーショナルデータベース（RDB）以外のデータベース管理システムの総称です。**非リレーショナルデータベースと

も呼ばれます。NoSQLは、特定のデータモデル専用に設計されています。

　NoSQLは、各データモデルに対して高いパフォーマンス、大規模なスケーラビリティ、低レイテンシー等の観点から最適化されています。これを実現するために、NoSQLはリレーショナルデータベースが持つデータの一貫性を一部緩和しています。

■ AWSのデータベースサービスと特徴

	RDS	Aurora	DynamoDB	DocumentDB
概要	RDBMSサービス	AWS独自拡張リレーショナルデータベースサービス	高速なNoSQLデータベースサービス	MongoDB互換サービス
DBの種類	リレーショナルデータベース	リレーショナルデータベース	Key-Value	ドキュメント
検索速度	中	中	高速	高速
DBインスタンス／サーバーレス	DBインスタンス	選択可能	サーバーレス	サーバーレス
特徴	トランザクション処理が可能なデータベースサービス	MySQL、PostgreSQL互換でスケール可能なリレーショナルデータベース	大量のキーと値のペアをミリ秒で格納および取得するように最適化	半構造化データをドキュメントとして保存するように設計
ユースケース	トランザクション処理が必要な業務データベース	トランザクション処理が必要かつスケールが必要な業務データベース	履歴ログ、属性情報、メタデータ	スキーマレスデータ、コンテンツ、カタログ、MongoDBの代替

	MemoryDB	Redshift	Neptune	Timestream	QLDB
概要	インメモリデータストア	ペタバイト規模に拡張できるデータウェアハウス	高速なグラフデータベースサービス	時系列データベースサービス	台帳データベースサービス
DBの種類	インメモリデータベース	データウェアハウス	グラフデータベース	時系列データベース	台帳データベース
検索速度	超高速	高速	高速	高速	中
DBインスタンス／サーバーレス	サーバーレス	DBインスタンス	サーバーレス	サーバーレス	サーバーレス

	MemoryDB	Redshift	Neptune	Timestream	QLDB
特徴	データをメモリ格納することでマイクロ秒のレイテンシーを実現	超並列処理による高速パフォーマンス	高度に接続されたグラフデータセット間のリレーションシップを保存	1日あたり数兆件規模のイベントを簡単に保存および分析	トランザクションログを備えデータ変更を完全にトラッキング
ユースケース	セッション情報、一時データ保存、リアルタイム分析	データウェアハウス、ビッグデータ解析	不正検出、SNS、推奨エンジン	IoTアプリ、DevOps、アプリケーションメトリクス	銀行口座取引、製品製造履歴、保険請求履歴、人事履歴

2 | R D S

Amazon Relational Database Service（以下、RDS）は、AWSが提供するリレーショナルデータベースのマネージドサービスです。メジャーなデータベースエンジンであるMySQL／MariaDB／Oracle／SQL Server／PostgreSQLに加え、AWSによって提供されるAmazon Auroraの中から利用に適したものを選択できます。Amazon RDS Performance Insightsを用いると、負荷の高いクエリを数秒で特定、可視化してパフォーマンスチューニングを行うことができます。

RDSの特徴は以下の通りです。

■ 特徴

● メンテナンス作業が不要

RDSを利用することで、リレーショナルデータベースを利用できるようにするまでの**構築作業とデータベースソフトウェアのパッチ適用等のメンテナンス作業が不要**となります。

● 高可用性

RDSでは、異なる2つのAZ間でデータを複製する**マルチAZ構成を有効にする**ことで、**DBインスタンスの可用性を向上**させることが可能です。マルチ

AZ構成では、稼働しているプライマリDBインスタンスで障害が発生すると、RDSがスタンバイDBインスタンスにフェイルオーバーを行います。フェイルオーバーにより、スタンバイDBがプライマリDBに昇格します。

■ RDSのマルチAZ構成

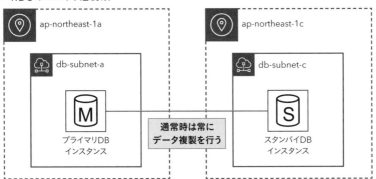

また、フルマネージド型の高可用性データベースプロキシであるAmazon RDS Proxy も利用できます。RDS Proxyは、アプリケーションとRDSの間に配置され、障害が発生した場合、アプリケーションからの接続を維持しながら、スタンバイデータベースインスタンスに自動的に接続します。これにより、フェイルオーバーの時間が最大で60%以上削減できる見込みです。**RDS ProxyはRDSへの接続を共有、維持することでアプリケーションが拡大した場合でも対応できます。**

例えば、Lambdaからリレーショナルデータベースに保存されたデータにアクセスする場合を考えます。Lambdaは負荷に応じてスケールするため、それに従ってデータベース接続が増加し、RDSがその接続維持のために多くのリソース（CPUとメモリ）を消費してしまい、過負荷となるケースがあります。**RDS Proxyは自動でスケールして接続維持を担い、RDSへの同時接続を減らす**ため、このような場合でもRDSに負荷をかけることはなくなります。

■ 様々なデータベースエンジン

RDSではオープンソースソフトウェア（OSS：利用者の目的を問わずソースコードの改変、再配布、利用が可能なソフトウェア）、商用を含む、多くのリレーショナルデータベースエンジンをサポートしています。ユーザーはアプリ

ケーションで利用するデータベースエンジンに合わせて、選択することができます。

■ AWSがサポートしているデータベースエンジン

OSSデータベース	商用データベース	AWS独自データベース
MySQL	Microsoft SQL Server	Aurora MySQL互換
PostgreSQL	Oracle DB	Aurora PostgreSQL互換
MariaDB		

■ 読み取り専用のリードレプリカ

　RDSでは、リードレプリカと呼ばれる読み取り専用のDBインスタンスを複数構成することができます。**検索処理にリードレプリカを利用することでデータベースの負荷を分散させ、読み込みパフォーマンスを向上させる**ことが可能です。

■ RDSのリードレプリカ

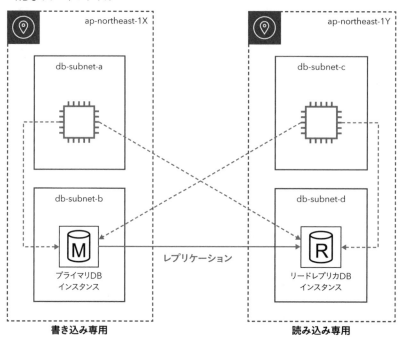

■ バックアップと復旧

　RDSは、DBインスタンスの自動バックアップを作成します。自動バックアップでは、DBインスタンスのストレージボリュームのスナップショット（その時点におけるデータのバックアップ）が作成されます。自動バックアップは規定では1日に1回取得され、7日間保持されますが、任意のタイミングで手動によりバックアップを取得することも可能です。RDSを削除すると、自動バックアップによるスナップショットも削除されるため、注意が必要です。その場合はRDSを削除する前に手動でバックアップを取得するか、自動バックアップによるスナップショットのコピーを保持します。なお、**スナップショットは、S3にApache Parquet形式でエクスポート可能**です。この形式のデータは、**Amazon Athena**（以下、Athena）、**EMR**、**Amazon SageMaker**（以下、SageMaker）等のほかのAWSサービスで分析のために利用できます。

■ メンテナンスウィンドウ

　RDSはAWSにより定期的なメンテナンスが行われます。このときDBインスタンスが一時的にオフラインになるため、週次のメンテナンスウィンドウを設定し、そのメンテナンスの実行時間を指定します。

■ 利用シナリオ

　RDSトランザクション処理による一貫性とリレーションによる整合性が必要とされる一般的なデータベース利用シナリオで活用できます。また、アプリケーションの要件に応じて、AWSが提供する選択肢の中から利用可能なRDBエンジンを選択できます。

3　Aurora

　Amazon Aurora（以下、Aurora）は、AWSが提供するクラウド向けに独自に拡張されたデータベースエンジンを使用したリレーショナルデータベースで

す。RDSの1つでもありますが、ほかのRDSのデータベースとは異なる特徴が多いため、独立して解説します。

Aurora は AWS がクラウドに最適化した高スケーラビリティ・高可用性の RDB サービスです。従来の商用データベースのパフォーマンスと可用性を超え、かつオープンソースデータベースのシンプルさとコスト効率性も兼ね備えます。

■ 特徴

● MySQL および PostgreSQL 互換

Aurora では、MySQL と PostgreSQL の2つの OSS データベース互換のリレーショナルデータベースを選択可能です。既存の MySQL 向け、PostgreSQL 向けアプリケーションはそのまま Aurora で動作します。

● 高いスケーラビリティと低コスト

Aurora は標準的な MySQL と比べて最大5倍、PostgreSQL と比べて最大3倍のスループットを実現しています。商用データベースエンジンと比較した場合、低コストでの利用が可能です。**リードレプリカを最大15台作成可能で、最大128TiBまで自動的にスケール**します。以前はデータを追加したストレージ領域は再利用に備えてデータが削除されても領域は確保されたままでしたが、新しいアップデートにより**データを削除した場合は自動でストレージの容量を動的に減らすようになり、コスト効率性が高くなりました。**

● 高可用性と耐久性

Aurora のデータは Aurora DB クラスターと呼ばれるクラスターボリュームに保存され、クラスターボリュームは3つの AZ に2つずつレプリケーションを構成します。データは自動的に複製されるため、データ損失の可能性は低く、耐久性を高く保つことができます。障害時には自動復旧します。

■ Auroraのストレージ構成

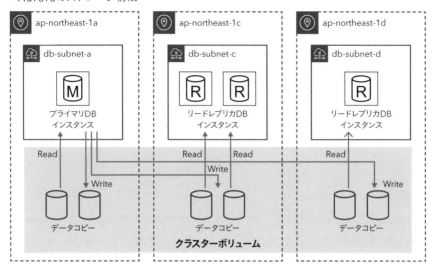

　上図は1つのプライマリDBインスタンスと複数のレプリケーション（リードレプリカ）から高可用性を実現しています。一方で、Auroraは**マルチマスタークラスター機能**が利用できます。この機能により、**複数のデータベースインスタンスで書き込みオペレーションが可能**となります。ただし、トランザクションやSQL言語等に制約事項があるため、実際に利用する場合は十分な考慮が必要です。また、Aurora Serverlessという機能により、アプリケーションのニーズや負荷に対応して、自動的にデータベースを起動、シャットダウンし、容量をスケールアップもしくはスケールダウンを行うことができます。この機能はAuroraのデクラスターを作成する際に、指定することで利用可能です。

■ AuroraとRDSの比較

　AuroraとRDS（RDS for MySQL）との相違点を次の表でまとめています。AuroraはRDSと比較して、**高度なマルチAZ構成、自動復旧による高可用性、大容量ストレージのサポート**を提供します。加えて、ほかのRDSと比較して高いスループットを提供しています。

特徴	Aurora	RDS for MySQL
マルチAZ構成	3つのAZに2つずつのレプリケーションを構成 ※明示的にマルチAZを指定しなくても自動構成する	2つのAZを使用
データベースストレージサイズ	最大128Tib	最大64Tib
最大リードレプリカ数	15	5
レプリケーションタイプ	非同期（ミリ秒単位）	マルチAZ構成：同期 リードレプリカ：非同期

■ 利用シナリオ

Auroraは、ほかのRDSデータベースエンジンと同様にトランザクション処理を必要とする一般的なデータベース利用シナリオで活用することができます。特に、エンタープライズアプリケーション等、スケーリングを検討する必要がある大規模なトランザクション処理に向いています。

4 DynamoDB

Amazon DynamoDB（以下、DynamoDB）はマルチリージョン、マルチマスターの高速なKey-Valueデータベース（NoSQLデータベースの一種）のマネージドサービスです。1日に10兆件以上のリクエストを処理することができます。データは無制限に保存可能で、履歴ログやIoT、SNS等の送信データ等、大量の連続したデータを蓄積する用途に適しています。また、**蓄積されたデータをS3にエクスポートして、Athena、SageMaker等で分析を行うことが可能**です。

■ 特徴

● サーバーレスで無制限のスケーラビリティ

DynamoDBは**サーバーレスで動作するため、ユーザーが仮想マシンを用意して、起動する必要はありません。また、無制限にスケールすることができま**

す。このスケーラビリティにより、規模に関わらず数ミリ秒台のレイテンシーを実現しています。

● Key-Valueデータベース

DynamoDBは、**Key-Valueデータベース**です。Key-Valueデータベースとは文字通り、キーと値のペアとして格納します。スキーマが柔軟で、任意の時点で任意の数の列を各行に設定することができます。

● 低レイテンシー

DynamoDB Acceleratorを利用することにより、フルマネージドのインメモリキャッシュを使用できます。これによりテーブルからの読み取りパフォーマンスを向上させ、ミリ秒からマイクロ秒のレイテンシーを実現します。

● グローバルレプリケーション

DynamoDBのグローバルテーブルを利用することで、データを自動的に**複数のAWSリージョンにレプリケート**することができます。

■ DynamoDBのデータ整合性モデル

DynamoDBは結果整合性の読み込みモデルと呼ばれるデータ整合性モデルで動作します。DynamoDBは1つのリージョンで3つのAZにデータをコピーします。このため、**データ書き込み直後に読み込みを行った場合、古いデータが参照される場合があります。**

DynamoDBでは、もう1つ強力な整合性のある読み込みモデルがあります。この場合は、必ず書き込んだデータが応答されるようにほかのAZのデータと比較してから応答します。

■ 結果整合性の読み込みモデルのアーキテクチャ

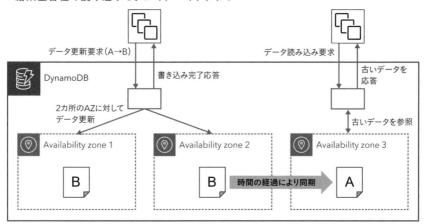

■ 利用シナリオ

DynamoDBは高速で自動的にスケールし、複数のリージョンから利用できる特徴を持ちます。大量のデータの収集や同時に多数のアクセスを、自動的なスケールで対応する必要のあるシステム等に向いています。

このことから、**ユーザーのWeb上での行動履歴、クリック履歴、訪問リンク等の大量なマーケティングデータの収集、グローバルで展開し同時に何百万ものユーザーがアクセスするゲームのプレイヤーデータやセッション履歴等ゲームに必要なデータの保存**に活用することができます。

また、サーバーレスで動作する特性から、クラウドネイティブなアプリケーションのバックエンドデータベースとして利用可能です。

5	MemoryDB

Amazon MemoryDB（以下、MemoryDB）は、インメモリキャッシュデータベースのマネージドサービスです。**インメモリキャッシュデータベースではメモリにデータを保持するため、ディスクI/Oが発生するディスクに保持するよりも高速なアクセスが可能**です。セッション情報やアプリケーションの一時

データを格納し、極めて低いレンテンシーでアクセスする用途に適しています。MemoryDBでは、エンジンとしてRedisのみ提供されています。

■ 特徴

MemoryDBでは、Amazon MemoryDB for Redis（以下、Redis）のみが提供されています。

Redisはミッションクリティカルな業務向け用途に適しています。複雑なデータ型、暗号化や高可用性構成、コンプライアンス対応がサポートされており、信頼性と可用性を強化するクラスターモードを標準で実装しています。

■ MemoryDBの位置づけ

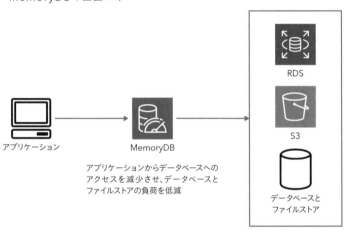

アプリケーション

MemoryDB

アプリケーションからデータベースへのアクセスを減少させ、データベースとファイルストアの負荷を低減

RDS

S3

データベースとファイルストア

■ 利用シナリオ

MemoryDBは、データベース等から一度読み込んだオブジェクトをメモリのキャッシュに保存することで、超高速で低レイテンシーな応答を実現します。**ミリ秒単位での配信が要求されるコンテンツ配信システム等（最新のニュース、カタログ、メディア等）、イベントのチケット販売、ソーシャルメディア、QAポータル、レコメンデーションエンジン等にキャッシュ層を追加し、高速化する用途に適しています。**

また、オンラインストア等のWebアプリケーションで、ユーザーのセッション情報や認証情報を保持、管理するためのセッションストアにも適しています。

6 Redshift

Amazon Redshift（以下、Redshift）は、データウェアハウスのマネージドサービスです。標準SQLおよび既存のビジネスインテリジェンス（BI）ツールを使用して、非常に大量のデータを高速に効率よく分析できます。列指向型ストレージといった特徴を持ち、大容量の構造化データに対して複雑な分析クエリを実行できます。

■ 特徴

● Redshiftのクラスター

Redshiftはクラスターで構成され、クラスター内には1つのリーダーノードと1つまたは複数のコンピューティングノードで構成されています。リーダーノードはコンピューティングノードとの通信を管理することや、データベース操作に対する実行計画、コードコンパイルやコンピュータノードへのコード配布の役割を担います。コンピューティングノードは、リーダーノードから配布されたコードの実行や実行後の中間結果の返送の役割を担います。

アプリケーションはリーダーノードと直接通信を行い、外部からはコンピューティングノードが意識されない構成となります。コンピューティングノード内ではメモリ／CPU／ディスクストレージが分割（スライス）され、データも分散して格納されます。また、スライス単位でのデータ並列処理が可能であり、高速なデータ処理を実現できます。従来からRedshiftはノード数やタイプを入力してクラスターを構成してきましたが（Redshift Provisionedと呼びます）、ノード数やタイプなどは指定せずにすぐに分析可能なRedshift Serverlessというサービスが提供されています。

● 列指向型ストレージ

一般的なリレーショナルデータベース（RDB）は、行指向型ストレージで構成され、行単位でデータベースにアクセスしますが、列指向型ストレージでは、列単位でデータベースにアクセスするため、同じ分類のデータの集計や分析を

高速に実行することができます。同じ列であれば同じ値が多く、データ圧縮が容易です。これにより総ディスクI/Oを削減し、ディスクからロードするデータ量が減少することから、分析クエリのパフォーマンスが向上します。

■ 行指向ストレージ／列指向ストレージとRedshiftのクラスターアーキテクチャ

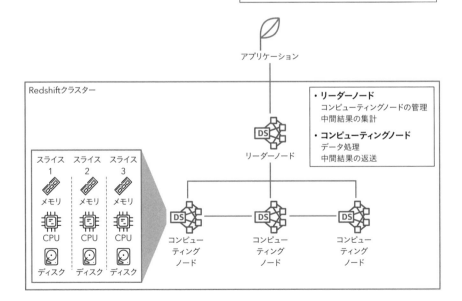

行指向型ストレージ

行単位の検索や追加、更新、削除等、**行単位のアクセスに適している**（RDB向き）

商品番号	商品名	価格
001	ディスプレイ	30,000
002	プリンター	10,000
003	マウス	2,000
004	キーボード	5,000
005	スキャナ	5,000

列指向型ストレージ

列単位のデータ集計、分析等、**列単位のアクセスが適している**（データウェアハウス向き）

商品番号	商品名	価格
001	ディスプレイ	30,000
002	プリンター	10,000
003	マウス	2,000
004	キーボード	5,000
005	スキャナ	5,000

同じデータ分類のため、データ圧縮の効率が高く、ディスクI/Oを削減

アプリケーション

Redshiftクラスター

・**リーダーノード**
コンピューティングノードの管理
中間結果の集計
・**コンピューティングノード**
データ処理
中間結果の返送

リーダーノード

スライス1　スライス2　スライス3
メモリ　メモリ　メモリ
CPU　CPU　CPU
ディスク　ディスク　ディスク

コンピューティングノード　コンピューティングノード　コンピューティングノード

● **Redshift Spectrum**

　Redshiftをデータウェアハウスとしたデータ分析の活用が進んでいくと、データベースの大規模化に伴い、S3上のデータロード（S3からローカルディ

スクへのコピー）に時間がかかる、コンピューティングの追加のためにコスト効率が低下する等の課題がありました。**Redshift Spectrum**では、S3上に配置されたファイルを外部テーブルとして定義し、アクセスを可能としています。これによって**S3上のデータを直接参照することができるようになり、データロードの時間や過度のコンピューティングの追加は不要**となりました。

■ 利用シナリオ

Redshiftは、アプリケーションからのSQLリクエストを1つ以上のノードで分散して処理することで、高速なデータ処理を実現しています。また、データベースのデータ構造に列指向型を採用することで、大容量データへのI/Oを圧縮、削減しています。このような特徴から、以下のようなワークロードやシナリオでの利用に適しています。

＜Redshiftに適したワークロード＞
・巨大なデータを扱うケース（数百GB～PB）
・1つのSQLが複雑であり、かつ同時実行が少ないケース
・データ更新は一括で実行するケース
＜シナリオ＞
・BIツールによるデータ分析
・データウェアハウス（DWH）
・データ集計、レポート作成

7	その他のデータベース

AWSでは、これまで解説した以外にも様々なデータベースサービスが提供されています。ユーザーは利用シナリオに適したデータベースを幅広い選択肢の中から自由に選ぶことが可能です。ここでは、各データベースの特徴および利用シナリオ、選択のポイントを解説します。

■ DocumentDBと利用シナリオ

DocumentDBは、高速でスケーラブルなOSSのNoSQLデータベースである**MongoDBと互換性を持つドキュメントデータベースサービス**です。リレーショナルデータベースには、テーブルがあり、その中にレコードがあります。このレコードのスキーマ（属性の集まり）はテーブル内で同一でなくてはなりません。

一方、ドキュメントデータベースでは、レコードに該当するものは具体的にはJSONファイル（ドキュメント）です。ただし、その構造はドキュメントごとに異なっていても構いません。システム間の連携ではJSON形式でデータをやり取りする場合も多いでしょう。リレーショナルデータベースであれば、JSONで渡されたデータを定義されたスキーマに変換してからデータベースに格納する必要がありますが、ドキュメントデータベースであれば、JSONの構造のまま格納ができます。例えば、**ECサイトのユーザーのプロファイルは、ユーザーごとに保存したい属性が異なる**かもしれません。そのような利用シナリオにDocumentDBは有効です。

■ Neptuneと利用シナリオ

Amazon Neptuneは、高速で信頼性の高い**グラフデータベースサービス**です。SNSユーザーの友達の関係性（リレーションシップ）の保存、レコメンデーションエンジン、不正検出等のユースケースにおいて、リレーショナルデータベースが苦手とするデータ間のリレーションシップ、特に**グラフ形式で表現できる複雑なデータ構造に対してクエリを実行するシステム**に適しています。

■ Timestreamと利用シナリオ

Amazon Timestreamは、高速でスケーラブルな**時系列データベースサービス**です。毎日時系列で発生する大規模なイベントを保存／分析するシステムでの利用に適しています。具体的には、IoTデバイスから発生する大量のセンサーデータの収集と分析、アプリケーションや産業機械から発生する大量のログデータの収集と分析、毎時毎秒生成する大量の株価データの分析等、**時間順に到着するデータに対して、過去の変化や今後の予測、散布図グラフの作成、障害の検知や予測等を行うシステム**に適しています。

■ Quantum Ledger Databaseと利用シナリオ

Quantum Ledger Database（以下、QLDB）は、フルマネージド型の台帳データベースサービスです。QLDBではデータの変更履歴がイミュータブル（状態を変更できない）に管理され、意図しない変更が発生していないことを検証できます。金融取引の正確で完全な記録の保存、製造業での製品の製造履歴の追跡、製品ライフサイクル全体の履歴の追跡、保険金請求処理の履歴の正確な追跡、人事システムによる各従業員の詳細な記録の管理等、**台帳のような形で変更履歴を完全に記録する要件が存在するシステム**に適しています。QLDBに保存されているデータは、リアルタイムストリーミング機能により、**Kinesis Data Streams**に送信できます。Kinesis Data Streamsは、リアルタイムで流れてくる一連のデータを一定期間保持することが可能です。例えば、銀行の元帳アプリケーションの口座残高の変更といったイベントを起点に、Kinesis Data Streamsを経由して様々なAWSサービスと連携し、高度な分析や、Lambdaを使ったイベント駆動型のワークフローを実行できます。

---

8 移行と転送

AWSへの移行に関する包括的なツールやサービスが提供されています。利用ケースに応じたサービスの使い分けを理解することが、試験対策のポイントです。本章はデータベースサービスに関する章ですが、ここでは広く移行と転送のサービス全体について解説します。

■ 移行と転送のサービス全体像

計画フェーズと移行フェーズで利用できるAWSのサービスを解説します。

● 計画フェーズ

クラウド上にシステムを構築・移行しようとする際に、計画を作成するために有効な情報を提供するサービスです。

● 移行フェーズ

オンプレミスに存在するマシンやデータを移行するためのサービスです。

■ 移行と転送のサービス全体像

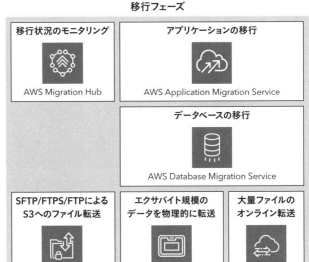

計画フェーズ

AWSのサービスの
コスト見積もり

AWS Pricing
Calculator

移行対象マシンの
調査

AWS Application
Discovery Service

移行フェーズ

移行状況のモニタリング

AWS Migration Hub

アプリケーションの移行

AWS Application Migration Service

データベースの移行

AWS Database Migration Service

SFTP/FTPS/FTPによる
S3へのファイル転送

AWS Transfer Family

エクサバイト規模の
データを物理的に転送

AWS Snowファミリー

大量ファイルの
オンライン転送

AWS DataSync

1 Pricing Calculator

AWS Pricing Calculator（以下、Pricing Calculator）は、AWSのサービスのコスト見積もりを行うサービスです。コストの見積もり結果はWebで共有することができるほか、CSVでエクスポートも可能です。

見積もりの方法としては「クイック見積もり」と「高度な見積もり」の2種類があり、後者ではより詳細に見積もり条件を指定できます。例えば、EC2を利用する際のコストの見積もりをクイック見積もりで行う際には、EC2インスタンス仕様やリージョンのほか、オンデマンドやリザーブドインスタンスといった価格モデルを選択します。

一般的なデフォルト値が設定されているため、特に特別な要件がなければ、デフォルト値を使うことができます。「高度な見積もり」では、これらに加え、ワークロードのパターンやリージョン内外へのデータ転送量も指定することが

できるため、より利用実態を考慮した見積もりが可能です。

■ ワークロードのパターン

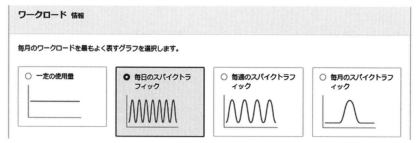

2 Migration Hub

　AWS Migration Hubは、AWS Application Discovery Serviceで収集したサーバー情報を元に、後述のAWS Application Migration Service／AWS Database Migration Service等の移行ツールによるアプリケーションの移行状況を一元的に可視化することが可能です。

■ AWS Migration HubとAWS Application Discovery Service

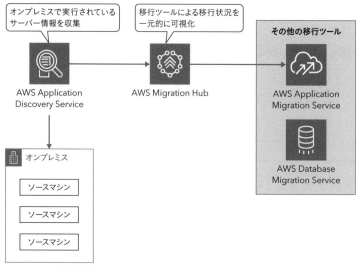

3 Application Discovery Service

AWS Application Discovery Service（以下、ADS）は、オンプレミス上で実行されているサーバーの設定データ、使用状況データ、動作データ等を自動的に検出し、既存のシステムのワークロードやシステム間の依存関係を理解することを目的に利用します。ここで、移行対象のサーバーをソースマシンとします。

4 Application Migration Service

AWS Application Migration Service（以下、MGN）は、アプリケーションの移行を支援します。エージェントがインストールされた移行元のマシンが、MGNが作成したAWS内のステージング領域内に低コストのEBSボリュームとしてブロックレベルで継続的にレプリケートされます。このステージング領域に軽量のレプリケーションサーバー（EC2インスタンス）が配置され、EBSボリュームにデータをレプリケートします。

■ Application Migration Service

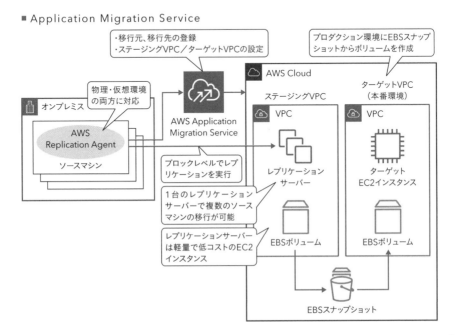

MGNはソースマシンを、アプリケーションの中身を変えずにそのままAWSのEC2インスタンスに変換するリホストと呼ばれる方式で移行します。

5 Database Migration Service

AWS Database Migration Service（以下、DMS）は、リレーショナルデータベースのデータ移行を支援します。また、スキーマ変換を補助するツール**AWS Schema Conversion Tool**（SCT）を提供しています。このツールにより、異なるスキーマを持つデータベース間でも移行が可能です。また、**移行を開始する前に拡張移行前評価を行うことが可能**です。移行前評価がソースとターゲットの両方のデータベーススキーマと移行タスクの設定をスキャンし、データ型の不一致等の潜在的な問題を検知します。

■ AWS Migration Service

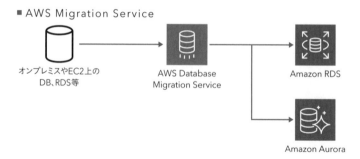

オンプレミスやEC2上の
DB、RDS等

AWS Database
Migration Service

Amazon RDS

Amazon Aurora

6 Snowファミリー

AWS Snowファミリーは、AWS Snowcone（以下、Snowcone）、AWS Snowball（以下、Snowball）とAWS Snowmobile（以下、Snowmobile）で構成されます。いずれもAWSへの大量のデータ移行に利用されます。

Snowconeは小型で軽量、かつ丈夫なエッジコンピューティング用のストレージ製品です。インターネットと接続されていない環境でのデータ収集、IoTデバイスのデータ収集に利用されます。エッジコンピューティングとは、例えば工場に大量のセンサーデバイスがあるような場合、それらのデバイスのそば（エッジ）で大量のデータを収集して必要なデータをクラウド側に送信する仕組みと考えれば理解しやすいでしょう。

　Snowballはインターネットに接続できない場所でも、オンプレミスとAWSの間で数百TBからPBのデータを転送できます。例えばPB級のデータを転送する際に、ネットワーク回線では転送するのに数十日といった非常に時間がかかるケースにおいて利用します。Snowballはハードウェアアプライアンスを利用してデータを配送することで、ネットワーク回線に依存しないデータ転送を実現します。運搬も含めて10日程度でS3へのアップロードが完了できます。

　なお、従来のSnowballのデバイスはSnowball Edge Storage Optimized（ストレージ最適化）とSnowball Edge Compute Optimized（コンピューティング最適化）の2つにデバイスタイプに分類されるようになりました。つまり、Snowconeと同様、エッジコンピューティングで利用可能と言えますが、Snowconeよりも大量のデータを扱えます。ストレージ最適化は、AWSへのデータ移行やバックアップに利用されます。コンピューティング最適化は、さらにデバイスにコンピューティング機能が搭載されており、デバイスでデータ処理を実行できます。

　Snowmobileはエクサバイト規模のデータ移行サービスであり、最大100 PBのストレージ容量を備えたデータ輸送用の安全なデータトラック（自動車で運ぶ輸送コンテナ）です。トラックがユーザーのデータセンターに派遣されて、そのネットワークバックボーンに直接接続されてデータ移行を行います。複数のSnowmobileを使うことで、複数のデータセンターからのデータ移行を並行に行うことが可能です。

■ Snowファミリー

項目	Snowcone	Snowball	Snowmobile
特徴	AWS Snow ファミリーの最小のメンバーで、デバイスは小型で重量は4.5ポンド（2.1kg）。Snowconeを使用して、デバイスをオフラインでAWSに出荷するか、AWS DataSyncを使用してオンラインで配信し、データを収集、処理、およびAWSに移動可能	コンピューティング最適化とストレージ最適化の2つのデバイスオプションが存在／オブジェクトストレージ	最大100 PBのデータを長さ14mの輸送コンテナでAWSに転送され、ユーザーのS3にロード
使用シナリオ	小型で軽量であることを活かし、狭いスペースに取り付けてIoT、車両、ドローンで利用	接続が断続的になる環境（製造、工業、および輸送等）または極端な遠隔地でのデータ収集、処理、保管	マルチペタバイトまたはエクサバイト規模のデジタルメディアの移行やデータセンターの停止の際のデータ移行
使用可能最大ストレージ（HDD）	8TB	・39.5TB（コンピューティング最適化） ・80TB（ストレージ最適化）	100PB

■ Snowball Edgeのイメージ

出典：AWS公式ページ「AWS Snowball Edgeとは？」より引用

7 Transfer Family

AWS Transfer Familyは、オンプレミスとAWSのストレージサービス（S3、EFS）との間で、ファイルを送受信できる安全な転送サービスです。SFTP（Secure File Transfer Protocol）、FTPS（File Transfer Protocol over SSL）、FTP（File Transfer Protocol）、およびAS2（Applicability Statement 2）といったプロトコルに対応しています。

AWSのストレージサービスに転送されたファイルには既存の認証情報もインポートが可能です。Active Directory、LDAP、Okta等のIDプロバイダーシステムがサポートされています。Transfer Familyのサービスにより、従来構築・管理していたFTPサーバーを構築する必要がなくなります。AWSのストレージサービスにデータを保存した後は、AWSの様々なサービスでこのデータを活用できます。

■ Transfer Family

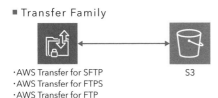

・AWS Transfer for SFTP
・AWS Transfer for FTPS
・AWS Transfer for FTP

S3

8 DataSync

AWS DataSync（以下、DataSync）は、ファイルストレージ間で大量のデータのコピーを簡素化、自動化、高速化するオンラインデータ転送サービスです。オンプレミスからインターネットやAWS Direct Connectを介して、AWSストレージサービス（S3、EFS、FSx）との間やAWSのストレージサービス間でデータ転送を行うことが可能です。オンプレミスとAWSのストレージサービス間のデータ転送にはエージェントが必要ですが、AWSのストレージサービス間のデータ転送であれば、エージェントは不要です。

■ オンプレミスとAWS間でデータ転送を行うDataSync

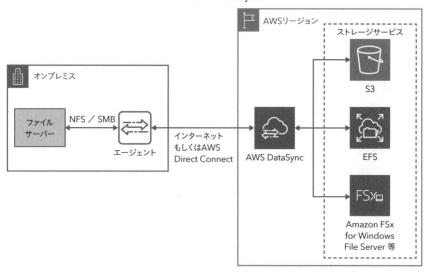

第 **13** 章

AWSの
ネットワークサービス

重要度 A

　この章では、AWSのネットワーク関連サービスに関する基本的な知識を解説します。AWSクラウド上で提供される仮想プライベートネットワークであるAmazon Virtual Private Cloud（VPC）を中心に考えると理解しやすいです。VPCでAWS上でのネットワーク構築の概要を押さえたうえで、関連する各種サービスのユースケースを把握することがポイントです。

1 ネットワーキングの全体像

　AWS上でのネットワーク構築の基本となるのは、AWSクラウド上で提供される仮想プライベートネットワークのAmazon Virtual Private Cloud（以下、VPC）です。VPCを利用することで、ユーザーはAWS上で論理的に独立したプライベートネットワークを構築することができます。

　VPCは、単体でサーバーやデータベースの設置場所として使用し、インターネットからアクセスすることが可能ですが、運用が煩雑になりがちです。そのため、オンプレミスとの接続やインターネットへの公開をサポートする各種サービスと組み合わせて使用されることが多いです。

　例えば、開発者がオンプレミスからVPCへ安全に接続する手段が必要な場合には、AWS Client VPN、AWS Site-to-Site VPN（サイト間VPN）、Direct Connect等を使用します。VPC上に構築したアプリケーションをインターネット経由でユーザーに公開する際には、Amazon CloudFront、Amazon API Gateway等を使用します。これらの特徴と使い分けについては後述します。

　このほかにも、ネットワークに必要な特定の機能を提供するマネージドサービスが多数存在します。DNSサービスのRoute 53、マイクロサービス（コンテナ）間の通信に特化したAWS App Mesh、Amazonが所有するネットワークを利用して通信を高速化するAWS Global Accelerator等様々なサービスが存在します。

　誰がどのような目的でどのような経路でAWSに接続したいのかを考慮しながら、適切なサービスを選択することが重要です。

■ ネットワーキングの全体像（オンプレミスの開発者が接続する場合）

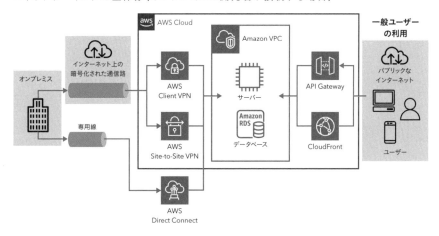

2 VPC

Amazon VPCは、AWSクラウド上にプライベートな仮想ネットワークを構築できるサービスです。ユーザーは、リージョンとプライベートIPアドレスの範囲を指定することで、インフラを調達することなくAWS上に論理的に独立な仮想ネットワークを作成することができます。VPCがVPC外のAWSサービス、インターネット、オンプレミス、ほかのVPCと通信を行うためには、VPC作成後に適切な接続設定を行うことが必要です。

VPCを作成するだけでは、そのままサーバーやデータベース等を設置することができません。VPCが利用できるIPアドレス範囲の一部を指定して、サブネットを作成します。VPCはリージョンを指定して作成しますが、サブネットを作成するときはAZを指定して作成します。目的に応じてサブネットを分割することで、公開サーバー用やデータベース向けといった単位でセキュリティを高めることができます。複数のサブネットを異なるAZに配置することで、耐障害性を高めることができます。

■ VPCとサブネット

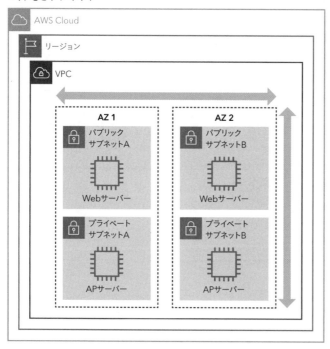

　最後に、VPCの通信を制御する方法を説明します。オンプレミスではサーバーのOSやネットワーク機器でファイアウォールを設定して通信を制御しますが、VPCではセキュリティグループがこれに該当します。また、サブネット単位では、ネットワークACL（NACL）を設定して通信を制御します。

　一般的にはセキュリティグループのみの通信制御を第一に考え、ネットワークACLはデフォルトの設定（サブネットへのインバウンド、アウトバウンドをすべて許可）のままとします。ネットワークACLは、あるサブネット内にあるEC2インスタンス等のAWSリソースへのアクセスを同時に遮断したい場合等に利用します。

■ セキュリティグループとネットワークACL

	セキュリティグループ	ネットワークACL
適用範囲	インスタンス、もしくはインスタンスのグループを指定して適用する	サブネットを指定して適用する
指定方法	ホワイトリスト型（許可設定のみ可能）	ブラックリスト型（許可と拒否の両方が設定できる）
戻りのトラフィックの許可	ステートフル（戻りのトラフィックは暗黙的に許可される）	ステートレス（戻りのトラフィックを明示的に許可する必要がある）

3 　各 種 ゲ ー ト ウ ェ イ

　オンプレミス、インターネット、VPC間で接続を行う場合は、次の各種ゲートウェイを用います。

○ **インターネットゲートウェイ**（Internet Gateway：**IGW**）
VPCとインターネットを接続するために必要なゲートウェイで、リージョン単位で作成します。
VPCごとにインターネットゲートウェイを1つだけ接続させることが可能です。

○ **仮想プライベートゲートウェイ**（Virtual Private Gateway：**VGW**）
オンプレミス環境とのハイブリットクラウドを構築する際にVPC側で作成するゲートウェイです。

○ **カスタマーゲートウェイ**（Customer Gateway：**CGW**）
VPCとインターネットVPNを接続する際に、ユーザー側拠点で作成するゲートウェイです。

○ **NATゲートウェイ**（NAT Gateway：**NAT GW**）
プライベートサブネットからインターネットにアクセスを行う際に、プライベートIPアドレスからパブリックIPアドレスにアドレス変換する場合に利用するゲートウェイです。また、インターネットからはプライベートサブネットへのアクセスを行わないようにすることができます。

■ 各種ゲートウェイ

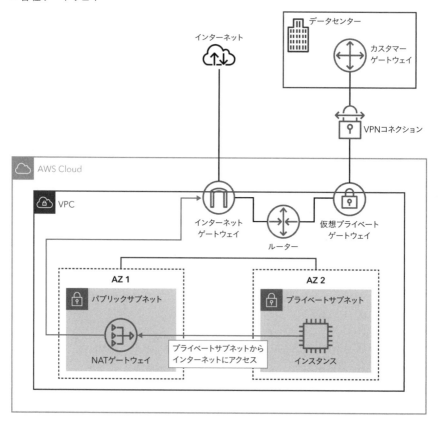

その他のネットワークサービス

1 VPN（Site-to-Site VPN／Client VPN）

　VPNを利用すると、AWSからオンプレミスに対して、インターネット経由で暗号化された接続を確立し、安全に通信を行うことができます。VPC上に設置されたサーバーにインターネット経由で直接アクセスする場合に比べて、セキュリティを高めることができます。

　使用できるVPNサービスは2種類あります。AWSとオンプレミスをネット

ワーク単位で接続する**AWS Site-to-Site VPN**（サイト間VPN）と、AWSとオンプレミスをクライアント（デバイス）単位で接続する**AWS Client VPN**が提供されています。使い分けですが、データセンターとAWSの相互接続、専用線接続のバックアップとして利用したい場合はSite-to-Site VPNを、小規模な開発チームやリモートの運用担当者がAWSへ安全に接続したい場合は、Client VPNを利用するとよいでしょう。

2 Direct Connect

AWS Direct Connectを利用すると、AWSとオンプレミスのデータセンターを専用線で接続することができます。具体的には、AWSが指定するコロケーションにユーザーのデータセンターから専用線を引くことで、AWSと専用の回線で通信することができます。

VPNとメリットを比較すると、専用線を利用することからより広帯域（高速）、より安定（高品質）であること、保守性の向上が見込める（ネットワークのトラブルシューティングが容易である）ことがあげられます。デメリットとしては、回線の物理的な接続作業と専用線の専有が発生するため、VPNよりも高コストで、利用可能になるまで一定の時間がかかる点です。

■ Direct ConnectとVPN

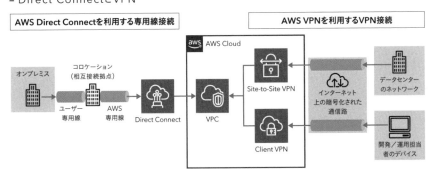

3 Direct Connect GatewayとTransit Gateway

Direct Connect Gatewayは、オンプレミスから1つのDirect Connectに接続すれば、世界中のリージョンに閉域網（専用線）接続ができ、同一リージョ

ンまたは世界中の複数のリージョンをまたいで複数のVPCに接続できる仕組みです。Direct Connect Gatewayは、オンプレミスとVPCの間の接続で利用され、接続できるVPC数は10個までとなります。また、別アカウントのVPCに接続することが可能です。

　一方の**AWS Transit Gateway**（以下、Transit Gateway）は、複数のDirect ConnectやVPCを集約するサービスです。Transit Gatewayは数千のVPCと接続させることが可能ですが、ほかのリージョンのVPCには接続できません。ほかのアカウントの同一リージョンのVPCには接続可能です。

　これらのサービスには様々なアーキテクチャのパターンが存在しますが、本書ではシンプルなパターンの構成例を掲載します。

■ Direct Connect GatewayとTransit Gateway

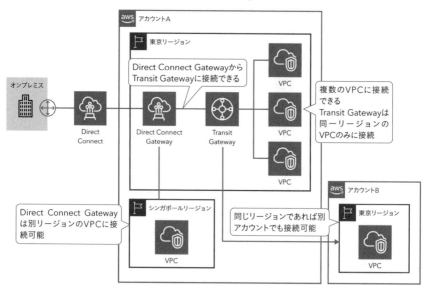

4 CloudFront

　Amazon CloudFrontは、AWSが提供するコンテンツ・デリバリー・ネットワーク（CDN）サービスです。一般的に、CDNはファイル配信を高速化するために用いられます。ユーザーに近い場所（**エッジロケーション**）に画像や動画等の配信ファイルをキャッシュすることで、Webページの表示時間を短

縮し、ユーザー体験の向上につなげることができます。配信するファイルの取得元（オリジンサーバー）には、VPC上に構築したEC2インスタンスのほか、配信するファイルを格納したS3バケットを指定することが可能です。

5 API Gateway

Amazon API Gateway（以下、API Gateway）は、AWSが提供するマネージドサービスのAPIサービスです。APIサービスを利用することで、AWS上に存在するサーバーとユーザーのデバイス上に存在するアプリケーションが双方向に通信する基盤を効率的に開発することができます。API Gatewayの背後には、LambdaやEC2インスタンスを設置することができます。また、CloudFrontの配下に静的コンテンツを配置するS3や動的コンテンツを生成するLambda、EC2サーバーも配置することができます。また、API Gatewayは「REST API」「HTTP API」「WebSocket API」の3種類のAPIを作成することができます。

■ CloudFrontとAPI Gateway

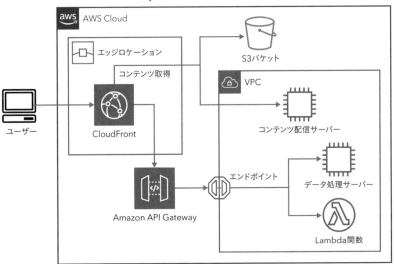

6 Route 53

Amazon Route 53は、AWSが提供するDNSサービスです。DNSサービスは、ドメイン名（www.example.comのようなURL）を、コンピュータが互いに通信するためのIPアドレス（192.0.2.1等の数字）に変換するためのサービスです。親しみやすいドメイン名でインターネットにサービスを公開したい場合や社内ネットワークで利用するDNSの運用コストを下げたい場合に利用を検討します。Route 53はヘルスチェック機能を持っています。例えばIPアドレスもしくはドメイン名で特定するサーバーなどのサービスをモニタリングし、そのサービスが正常か否かのステータスを決定します。

■ Route 53のルーティング機能

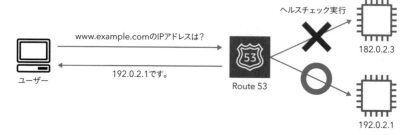

第 **14** 章

AWSの
ストレージサービス

重要度 A

　この章では、AWSのストレージ関連サービスに関する基本的な知識を解説します。AWSには様々なストレージサービスがあるため、利用シナリオ、用途、使用するアプリケーションに応じて適切なサービスを選択することがポイントです。

ストレージの全体像

　ストレージに所属するサービスは、**ブロックストレージ**、**ファイルスト**
レージ、**オブジェクトストレージ**の3つに大きく分類されます。また、EBS、
RDS、DynamoDBおよびStorage Gateway等が提供する既存のバックアップ
機能を一元的に管理するAWS Backupがあります。

■ ブロックストレージ

　ブロックストレージは、**データを固定容量のブロック単位に分割して管理**
し、ブロック単位での読み書き処理を提供するストレージです。アクセスは
ブロック単位（FC、iSCSI等）で提供されます。仮想マシンのOSディスク等、
頻繁かつ高速な読み書きが発生するワークロードで最適な選択肢となります。
Amazon Elastic Block Store（EBS）が該当します。

■ ファイルストレージ

　ファイルストレージは、**データをファイル単位に分割して管理し**、ファイル
単位での読み書きを提供するストレージです。

　アクセスはファイル単位（NFS、SMB等）で提供され、ファイルを構造的に
整理できることが特徴的です。ファイルシステムを利用して複数のサーバー
から同時にアクセスする共有ストレージを作成する場合に最適な選択肢です。
Amazon Elastic File System（EFS）、Amazon FSx等が該当します。

■ オブジェクトストレージ

　オブジェクトストレージは、**データをオブジェクト単位で扱い**、HTTPプロ
トコルを使用してアクセスします。オブジェクトの一部を差分更新することは
できません。ファイルストレージと比べて更新に時間はかかるものの、構造が
単純なため、耐久性、スケーラビリティ、コスト効率を両立できることが魅力
です。クラウドアプリケーションでのファイルの保存場所やバックアップファ
イルの格納場所として最適な選択肢です。Amazon Simple Storage Service

（S3）が該当します。

2 S3

Amazon Simple Storage Service（以下、S3）は、データをファイル構造やブロック単位ではなくオブジェクト単位で扱うオブジェクトストレージです。ウェブサービスベースでアクセスするため、バケットをグローバルで一意になるように作成し、オブジェクトにはバケットからのパス（プレフィックス）とオブジェクト名でアクセスします。

■ ユースケース

S3はAWSで利用されるクラウドネイティブアプリケーションのプライマリストレージとして利用されています。AWSのサービスやAWS上に構築する**アプリケーション、静的なWebホスティング、バックアップ・災害対策、分析用ビッグデータ用のデータレイク**等で利用可能です。

■ S3のユースケース

シナリオ	説明
アプリケーション用	アプリケーションで使用するデータやログファイルの保存先。 例）マルチメディアファイル、アクセスログ
静的Webホスティング	静的なWebページのHTML、CSS、JavaScriptや画像を保存し、直接ブラウザからWebページとしてアクセスすることが可能
バックアップ・災害対策	S3の高い信頼性を活かしてデータのバックアップを保存し、災害対策に活用するために、**異なるリージョンへのクロスリージョンレプリケーション（CRR）**や、**同じリージョンへのセイムリージョンレプリケーション（SRR）の機能を提供**
データレイク	分析用のビッグデータの一時保存先やアーカイブ先として利用

■ 特徴

次に、S3の主な特徴を記載します。

● 強い整合性モデル

　S3は以前、更新と削除について一定の時間が経過した後、最終的に正しい状態を取得できるという一貫性が保証されていましたが、更新直後等の読み取りタイミングによっては古いデータを読み込む場合がありました。これを「結果整合性」と呼びます。**現在のS3では「強い一貫性」が保証されており、更新直後にアクセスしても常に最新の状態が取得できます。**

● Webベースのシンプルなアクセス

　マネジメントコンソールやモバイルアプリから簡単にアクセスができます。REST APIやSDK、CLIによるアクセスも用意されているため、アプリケーションに組み込むのが容易です。

● 高い可用性

　S3はその属性によって、いくつかの種類（**ストレージクラス**）があります。ストレージクラスにより、**99.99％もしくは99.95％の高い可用性**を提供しています。

● スケーラビリティ

　S3に保存できる**データ容量、ファイル数に制限はありません**。容量を気にせず使用できるため、あらかじめストレージ容量をサイジングせず、初期費用をかけずに手軽に利用開始できます。

● 高い耐久性

　S3 標準とS3 標準 - 低頻度アクセスといったストレージクラスでは、**イレブンナイン（99.999999999％）の耐久性**を実現するために、S3では保存されたファイルをリージョン内で3カ所以上のAZにあるデータセンターで自動的に複製して保持します。また、耐久性は保存されたオブジェクトがいかに外部環境変化に耐えられるかを示す指標であり、可用性はユーザーからどの程度利用可能かを示す指標です。保存されたオブジェクトは破壊されていなくてもユーザーから利用されない場合もあるので、一般的には可用性の値の方が低い値になります。

● オブジェクトへのアクセス制御

オブジェクトは、**IAMポリシー**によるアクセス制御、**ACL**（Access Control List）によるアクセス制御、**バケットポリシー**によるアクセス制御が可能です。IAMポリシーはAWS Identity and Access Management（IAM）というサービスによってユーザーやユーザーが所属するグループに対し、S3やほかのAWSサービスに対するアクセス許可のセットをポリシーとして与えることができます。**Access Analyzer for S3**を使用すると、例えば、インターネット上のすべてのユーザーにアクセス許可を与えているバケット等が存在すると、警告を通知します。これにより、ユーザーは意図しないアクセス許可に対して迅速に対応することが可能になります。

■ オブジェクトへのアクセス制御

方式	説明
IAMポリシーによるアクセス制御	IAMポリシーを作成し、IAMユーザー対しRead、Put、Delete等のオブジェクトへのアクセス権限を設定することが可能です
ACLよるアクセス制御	S3バケット単位やオブジェクト単位にXML形式でアクセス権限を設定します
バケットポリシーによるアクセス制御	S3バケットにJSON形式でアクセス権限を設定します。バケットポリシーによるアクセス制御を用いることによりIPアドレス制限やほかのAWSアカウントへのクロスアカウントアクセスを許可することが可能です

● 高いコスト効率

S3は使用したデータにだけ課金される**従量課金**です。S3標準ストレージクラスよりも、より安価なストレージクラスの**Amazon S3 Glacier ストレージクラス**（以下、S3 Glacierストレージクラス）も使用できます。**ライフサイクルポリシー**によって古いデータは自動的にGlacierに移動させ、コスト効率を高めることが可能です。

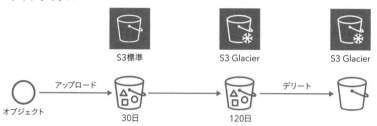

S3標準　　　　　　　S3 Glacier　　　　　　S3 Glacier

オブジェクト　　　　　　30日　　　　　　　120日

アップロード　　　　　　　　　　　　　　デリート

● 暗号化

S3では3つの**サーバーサイド暗号化**（SSE：Server-Side Encryption）機能を提供しています。**暗号化キーの作成や管理を誰が行うのかで暗号化方式が変わります。**

■ S3の暗号化方式

方式	説明
S3で管理されたキーによる暗号化（SSE-S3）	暗号化キーの管理等はすべてAWSが実施します。ユーザーは暗号化キーを作る必要はありません
KMSで管理されたキーによる暗号化（SSE-KMS）	暗号化キーの管理でKMSを利用します。KMSは暗号化キーを生成、管理するAWSのマネージドサービスです。暗号化キーに対する権限制御や証跡の取得が可能となります
ユーザーが用意したキーによる暗号化（SSE-C）	暗号化キーの用意および管理はユーザーが実施します

■ S3のストレージクラス

S3のストレージクラスのうち、**S3 Glacier ストレージクラス**は長期保管するデータ等のアーカイブ用途で利用するストレージクラスです。S3 Glacier ストレージクラスは、さらに**S3 Glacier Instant Retrieval**、**S3 Glacier Flexible Retrieval**、**S3 Glacier Deep Archive**の3つのストレージクラスに細部化されます。

S3 Glacier Flexible Retrievalは、従来からS3 Glacierとして提供されていたストレージクラスです。年に1〜2回程度のアクセスを想定しており、**格納したデータの取り出しに時間がかかる**代わりに、1GBあたりの保存にかかるコストを圧倒的に安く済むため、大容量データのアーカイブに最適なストレージクラスといえます。なお、取り出し時間の異なる、迅速（1〜5分）、標準（3〜5時間）、大容量（5〜12時間）の3つの取り出しオプションがあり、取得時間の

長いオプションのストレージコストが、より低くなっています。

S3 Glacier Deep Archiveは、S3 Glacier Flexible Retrievalよりもさらにストレージコストが低いストレージクラスです。年に1回程度のアクセスを想定しており、取り出し時間も 標準（〜12時間）と大容量（〜48時間）と、さらに長くかかるようになっています。

S3 Glacier Instant Retrievalは、新しく追加されたストレージクラスで、アーカイブ用途でありながらも、ミリ秒単位の取り出しが必要なデータに対応しています。ほかのS3 Glacierストレージクラスと同様に、ストレージコストが低く抑えられている代わりに、データ取り出し料金が高く設定されています。

S3 Intelligent-Tieringは、S3内のオブジェクトへのアクセスパターンにより、高頻度のアクセス用に最適化された階層と低頻度のアクセス用に最適化された階層、およびアーカイブインスタントアクセス階層の3つのいずれかにオブジェクトを保存することで、コストを低減することが可能です。

S3標準、S3標準-IA（低頻度アクセス）、S3 1ゾーン-IA（低頻度アクセス）間の大きな違いは可用性です。可用性がこの中で最も高いS3標準は、高頻度アクセスが想定される場合に用いられ、そのコストは可用性の相対的に低いほかのストレージクラスより一番高く設定されています。

S3のストレージクラスをまとめると、次の表の通りになります。

■ S3ストレージクラス比較表

特徴	S3標準	S3 Intelligent - Tiering	S3標準 -IA	S31ゾーン-IA	S3 Glacier Instant Retrieval	S3 Glacier Flexible Retrieval	S3 Glacier Deep Archive
耐久性 99.999999999%	○	○	○	○	○	○	○
複数アベイラビリティーゾーン	○	○	○	×	○	○	○
設計上の可用性	99.99%	99.9%	99.9%	99.5%	99.9%	99.99%	99.99%
SLAで保証された可用性	99.9%	99%	99%	99%	99%	99.9%	99.9%
取り出し料金	なし	なし（アーカイブアクセスの迅速のみ発生）	発生	発生	発生	発生	発生
長い取り出し時間	なし	なし	なし	なし	なし	発生	発生

特徴	S3標準	S3 Intelligent-Tiering	S3標準-IA	S31ゾーン-IA	S3 Glacier Instant Retrieval	S3 Glacier Flexible Retrieval	S3 Glacier Deep Archive
ストレージ価格。最初の50TB（東京リージョン）（USD／GB）	0.025	変動	0.0138	0.011	0.005	0.0045	0.002

※ストレージ価格以外に、リクエスト料金、データ取り出し（取り出し料金が設定されているストレージクラス）、データ通信料金（アウトのみ）等が発生します

───────── │ ワンポイント │ ─────────

表には記載していませんが、コンプライアンス要件等でAWSリージョンにデータが保存できない場合は、S3 Outpostsストレージクラスを使用し、オンプレミスのS3にデータを保存することが可能です。

3 EBS

Amazon Elastic Block Store（以下、EBS）は、EC2インスタンスにアタッチして利用できるブロックレベルのストレージサービスです。OSから参照できる仮想ディスクであり、OS／アプリケーションのインストール先またはデータの保存先のためのボリュームとして利用できます。

■ EBSとインスタンスストアの比較

	EBS	インスタンスストア
概要	EC2インスタンスにアタッチして利用できるブロックストレージ	EC2インスタンスに内蔵されているローカルストレージ
用途	OS／アプリのインストール先	一時的なデータ保管場所
インスタンスの起動時間	高速	低速
データの永続性	EC2インスタンスを停止、終了してもデータを保存しておくことが可能	EC2インスタンスを停止、終了するとデータも削除される
料金	別途EBS料金が必要	無料で使用可能

■ 特徴

EBSは特定のAZに配置され、**同じAZのEC2インスタンスのみにアタッチ**できます。EBSは作成されるとAZ内で自動的に複製され、99.999%の可用性を維持します。EBSはスナップショットによるバックアップを作成することができます。EBSをほかのAZにあるEC2インスタンスにアタッチして利用したいときは、スナップショットを任意のAZにコピーし、コピーしたスナップショットからボリュームを復元してEC2インスタンスにアタッチします。EBSはAES-256形式で暗号化することができます。

■ EC2とEBS

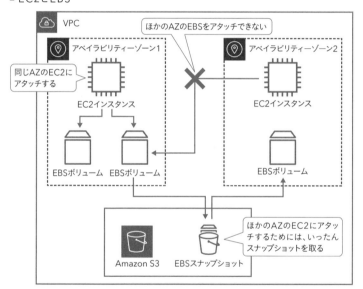

■ EBSのボリュームタイプ

EBSには、ボリュームタイプと呼ばれる種類があります。主なボリュームタイプは、汎用SSD（General Purpose SSD）、プロビジョンドIOPS（Provisioned IOPS）、スループット最適化HDDです。**プロビジョンドIOPSはI/O（入出力）の発生量が多いワークロード向けで、IOPS（IO/秒）を50IOPSから最大256,000 IOPSまであらかじめ指定して予約することが可能**です。

この中で、プロビジョンドIOPSのためのボリュームでは、最大16個の

第**14**章　AWSのストレージサービス

Nitroシステムベースの EC2 インスタンスにアタッチすることが可能です（EBS Multi-Attach）。

　Nitro システムとは、EC2の新しい基盤であり、より高パフォーマンス、高可用性、高セキュリティを実現します。比較的新しい EC2 世代のインスタンスタイプでは、Nitro がベースとなっています。次の表では、EBS の各ボリュームタイプの比較について掲載しています。

■ EBSのボリュームタイプ

ボリュームタイプの種類	ディスクタイプ	説明
汎用SSD（General Purpose SSD）（gp2、gp3）	SSD	gp2では1GBあたり100 IOPSのベースライン性能が設定され、最新世代の**gp3では3000 IOPSに設定**されている。このベースラインを下回る利用の場合は性能がクレジットされ、突発的なピーク時にそのクレジットが使われ、ベースライン性能を超えるI/O性能を出すことができる。システムブートボリュームや中小規模のデータベースに使用される。**gp3はgp2よりも価格が20％程度安くなっている**
プロビジョンドIOPS（io1、io2、io2 Block Express）	SSD	汎用SSDで処理しきれないI/O性能が要求される場合に利用する。大規模なデータベースで使用される。**io2は、io1と比較して1GiBあたりの最大IOPSが50から500と10倍、耐久性は99.9％から99.999％と100倍に拡張されている。さらに最新世代のio2 Block Expressでは、Block Express アーキテクチャにより、パフォーマンスとスケールが向上している**
スループット最適化HDD（st1）	HDD	**シーケンシャルアクセス時に高い性能を発揮**する。高いスループットを要求する、データウエアハウス、大規模なETL処理等のビッグデータ処理に最適。起動ボリュームには利用できない
コールドHDD（sc1）	HDD	スループット最適化HDDと同じシナリオで、**高い性能が不要な場合**に使用する。ログファイルやバックアップのアーカイブ先としても利用できる。起動ボリュームには利用できない
マグネティック（Magnetic）	HDD	旧世代のボリュームタイプ。アクセス頻度の低いデータの利用やコストを最重要視する場合に利用。パフォーマンスの一定性が必要な場合は、汎用SSD等ほかのボリュームタイプが推奨される

■ EBS最適化インスタンス

　より大きなIOPS（I/O per Seconds）をEBSに求める場合は、EC2インスタンスとEBSの間に専用の帯域を設けます。これを**EBS最適化オプション**と呼びます。このオプションはEC2のすべてのインスタンスタイプについてサポートされておらず、比較的大きなインスタンスでサポートされています。また、

このオプションが有効になっているEC2インスタンスを**EBS最適化インスタ**
ンスと呼びます。

■EBS最適化インスタンス

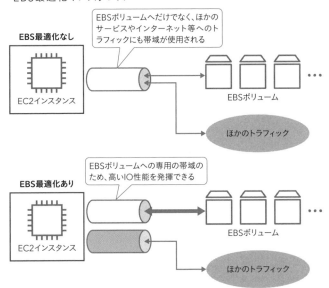

■ 課金

EBSではS3と異なり、**確保した容量分の課金**が発生します。S3では実データ
が占める容量のみが課金対象となります。また、**アタッチされているEC2が削**
除されたとしても、EBSボリュームが残っている場合、継続して課金されます。

---

4 Storage Gateway

AWS Storage Gatewayは、オンプレミスに設置し、オンプレミスから
AWSのストレージサービスへのアクセスを可能とする仮想アプライアンスで
す。具体的には、オンプレミスの仮想マシンやAWS上のEC2インスタンスと
してデプロイされます。

■ Storage Gatewayのゲートウェイタイプ

Storage Gatewayは、オンプレミスのネットワーク上に仮想アプライアンスとして配置され、**無制限なクラウドストレージ（S3等）にオンプレミスのデータを保存**できます。Storage Gatewayには次の3つのゲートウェイタイプが提供されています。

● テープゲートウェイ

テープゲートウェイは、物理テープライブラリの代替として**仮想メディアチェンジャーと仮想テープドライブ**で構成されます。iSCSIベースのVTL（仮想テープライブラリ）として動作し、**バックアップアプリケーションからテープドライブとして取り扱われ**バックアップ先として使用します。従来のバックアップアプリケーションでスケジュールすることで、**テープゲートウェイがAWS上のS3にデータをバックアップ**します。

● ファイルゲートウェイ

ファイルゲートウェイは、**NFSファイルサービス**として動作します。従来からある、S3と連携するAmazon S3ファイルゲートウェイと、Amazon FSxファイルゲートウェイというAmazon FSx for Windows File Serverと連携するファイルゲートウェイがあります。Amazon S3ファイルゲートウェイでは、**オンプレミスのLinuxサーバーからNFSドライブとしてマウント**しデータをコピーすると、ファイルゲートウェイがAWS上のS3に保存します。Amazon FSxファイルゲートウェイでは、フルマネージドファイル共有サービスであるAmazon FSx for Windows File Serverへのオンプレミスアクセスを提供し、パフォーマンス向上に役立ちます。

■ ファイルゲートウェイとテープゲートウェイ

ファイルゲートウェイ

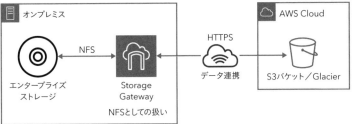

テープゲートウェイ

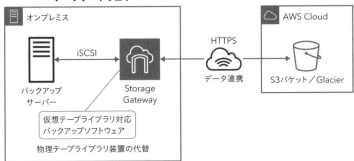

● **ボリュームゲートウェイ**

　ボリュームゲートウェイは、**iSCSIブロックストレージ**として動作します。**オンプレミスのサーバーからiSCSIドライブとして認識**させることができます。ボリュームゲートウェイには**キャッシュ型**と**保管型**の2つのモードが使用できます。

　キャッシュ型では、**S3バケットにボリューム全体を保存**します。ボリュームの**一部をゲートウェイでキャッシュ**します。ゲートウェイに書き込まれたデータはボリュームのポイントインタイムスナップショットとして非同期にバックアップされ、EBSスナップショットとしてAWS上のS3に保存されます。スナップショットは、増分バックアップとなります。最新のアクセスデータはキャッシュされ、低レイテンシーでアクセスすることが可能です。

　保管型では**ボリューム全体がゲートウェイに保持**されます。このため、どのデータへも高速で低遅延なアクセスが可能です。その後非同期でS3バケットへコピーされます。

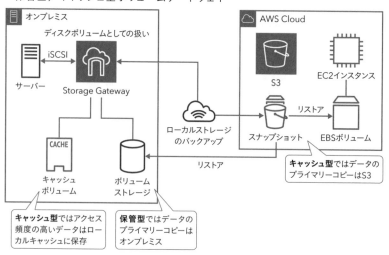

■ 保管型／キャッシュ型ボリュームゲートウェイ

5 EFS

Amazon Elastic File System は、NAS（Network Attached Storage）のような ファイルサービスを提供する、ファイルストレージのマネージドサービスです。EFS は Linux ファイルサーバを提供し、Linux や UNIX で主に使用されている NFS プロトコルをサポートします。複数の Linux ワークロードに NFS ボリュームとして、マウントすることが可能です。アプリケーションを中断することなく、ペタバイト規模にオンデマンドでスケールします。オンプレミスからもアクセスが可能です。

■ EFSの利用イメージ

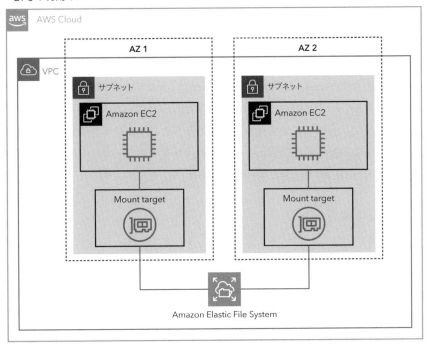

Amazon Elastic File System

---

6 | **FSx**

　Amazon FSxは、フルマネージドのファイル共有サーバーシステムを提供するサービスです。WindowsのファイルシステムをベースにしたAmazon FSx for Windows File Server（以下、FSx for Windows File Server）と、高速処理ワークロード向けのAmazon FSx for Lustre（以下、FSx for Lustre）のほか、広く使われているNetAppのONTAPをベースとしたAmazon FSx for NetApp ONTAP（以下、FSx for NetApp ONTAP）、OpenZFSをベースとしたAmazon FSx for OpenZFS（以下、FSx for OpenZFS）の4つのサービスがあります。

■ 特徴

● Amazon FSx for Windows File Server

　FSx for Windows File Serverは、Windows向けのファイル共有ストレージを提供するサービスです。Microsoft Windows Serverをベースに構築されており、既存のWindowsのアプリケーションとの互換性があります。また、Microsoft Active Directoryベースで認証を行うため、ADのグループやユーザーごとにファイルへのアクセス制御を行うことも可能です。ファイルはSSDストレージに格納されるため、ミリ秒以下のレイテンシーでファイルシステムあたり最大2GB/秒のスループットで利用することができます。

● Amazon FSx for Lustre

　FSx for Lustreは、機械学習処理やビデオ処理等の膨大なデータを高速処理で処理するワークロード向けに提供されるファイルシステムです。このサービスの特徴は、数百GB/秒のスループットおよび数百万のIOPSという超高速なファイルシステムや、S3に格納されているファイルを透過的に操作できる機能にあります。FSx for LustreとリンクしたS3バケットに保存されているファイルは、FSx for Lustreにアクセスした際に参照することができます。一度アクセスするとS3からFSx for Lustreに自動的に読み込まれ、高速にアクセスできるようになります。(このときも数百GB/秒単位のスループットで読み込む)。FSx for Lustreでの編集が終わり、コミットされるとS3にコミット結果を書き込む設定も可能です（すべてのファイルもしくは特定のファイルのみ等の選択可）。

| ワンポイント |

FSx for LustreはVPC内にエンドポイントが作成されるので、安全にデータにアクセスすることができます。

■ FSx for Lustreの利用イメージ

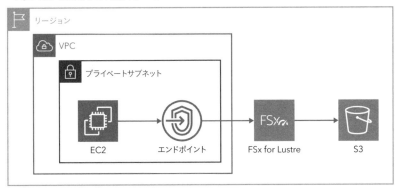

● Amazon FSx for NetApp ONTAP

FSx for NetApp ONTAPは、NetApp社のNAS装置で使用されているアプライアンスOSであるONTAPをベースに構築されています。オンプレミスでNetApp社製品を使用されている場合に、同様の使い慣れた機能を使用することが可能です。

● Amazon FSx for OpenZFS

FSx for OpenZFSは、OSSのOpenZFSをベースに構築されています。NFSプロトコルを介してアクセスでき、最大100万IOPSを実現しながら、高性能ワークロードのレイテンシーを数百マイクロ秒にまで抑えることが可能です。

■ ユースケース

FSx for Windows File Serverは、主に業務でユーザー間のファイル共有やERPアプリケーションのストレージ等のビジネスに近い場面で利用されます。一方、FSx for Lustreは、システムで高速に大量のデータ処理をする際や、S3とデータを授受する必要がある処理等で利用されます。

7 Backup

AWS Backupは、AWSおよびオンプレミスのデータのバックアップを一元的に管理できるマネージドサービスです。具体的には、バックアップタスクのスケジューリングや保管期間の設定、一定保持期間が過ぎたファイルの保存コストの安いコールドストレージへの移行といったライフサイクルの管理、バックアップタスクのモニタリング等を行うことができます。

このサービスを利用することで、**EBS、RDS、DynamoDBおよびStorage Gatewayが提供する既存のバックアップ機能を一元的に管理することができます。オンプレミスのバックアップはStorage Gatewayを介して実行**されます。また、EC2で実行されているMicrosoftのWindows Serverインスタンスと **Microsoftのアプリケーション（SQL Server、Active Directory、Exchange Serverを含む）に対しても同様に整合性のあるバックアップ**を行うことが可能です。Backupでは、増分バックアップを取得するためストレージコストを最小限に抑えることができます。

増分バックアップとは、初回のバックアップで完全なバックアップを取得し、それ以降のバックアップでは、変更があった部分のみをバックアップする仕組みです。

■ Backupのオンプレミスおよび DynamoDB のバックアップイメージ

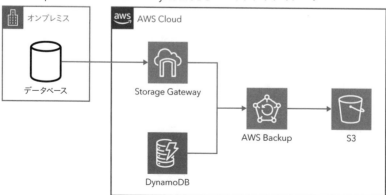

■ ユースケース

バックアップ対象のリソースが多岐に渡り、管理を一元化したい場合等に有効です。このサービスでは、例えばEBSスナップショットのストレージ料金のように**各AWSサービスから課金される既存のバックアップストレージ料金(バックアップされたデータの保存と、データを復元するための料金、リージョン間のデータ転送料金)以外の追加のコストはかかりません**。また、このサービスを利用することにより、バックアップタスクの管理を容易にすることや、どのタイミングでバックアップされたかを一元的に把握することができます。

8 | AWS Elastic Disaster Recovery

AWS Elastic Disaster Recovery(以下、EDR)は、AWSが提供する災害復旧(Disaster Recovery)ソリューションです。このサービスは、アプリケーションやデータの冗長性を確保し、災害が発生した場合に迅速かつ信頼性の高い復旧を可能にします。EDRでは、主要なコンポーネントとして、オンプレミス(オンサイト)の環境とAWSクラウドのリージョン間に仮想プライベートクラウド(Virtual Private Cloud、VPC)を構築します。これにより、オンプレミスのシステムやデータをAWS上に複製し、災害発生時にその複製を使用して復旧を行うことができます。

また、EDRでは、データのレプリケーションと連携した自動化が重要な要素となります。データのレプリケーションでは、オンプレミス環境のデータをリアルタイムまたは定期的にAWSのストレージサービス(例:S3、EBS)に複製します。災害発生時には、AWS上の複製データを利用してアプリケーションを再構築し、オンプレミス環境への切り替えを容易に行うことができます。

さらに、EDRでは災害復旧のテストや監視も重要な機能です。EDRは、定期的なテストを自動化して災害復旧の準備状況を確認し、問題がある場合には警告やアラートを発行します。これにより、災害が発生した場合でも適切な復旧手順が確立され、アプリケーションの可用性を維持することができます。

■ ユースケース

● オンプレミス環境の災害復旧

　企業や組織がオンプレミスで運用しているアプリケーションやデータの災害復旧を行いたい場合、EDRを使用することで、オンプレミスのシステムやデータをAWSクラウドに複製し、災害発生時に迅速かつ信頼性の高い復旧を実現できます。

● マルチリージョン冗長性の確保

　ビジネスの可用性を高めるために、AWSの複数のリージョンにアプリケーションとデータの冗長なコピーを作成する必要がある場合、EDRを使用するとリージョン間でデータのレプリケーションを設定し、災害発生時には別のリージョンでアプリケーションを継続して実行できます。

● データの保護とバックアップ

　EDRはデータのレプリケーションを提供するため、データの保護とバックアップのニーズにも応えます。オンプレミスのデータをAWSクラウドに複製することでデータの安全性と可用性を確保し、データ損失や中断を最小限に抑えることができます。

● テストと災害復旧の計画策定

　EDRはテストと災害復旧の計画策定を支援します。自動化されたテスト機能を使用して、災害が発生した場合の復旧手順を定期的に確認し、必要に応じて修正や改善を行うことができます。また、EDRを使用することで、災害復旧の計画をより効果的に策定し、アプリケーションの目標復旧時間（RTO）と目標復旧時点（RPO）を達成できます。

第 **15** 章

AWSの人工知能と機械学習サービスと分析サービス

重要度 B

この章では、AWSの人工知能と機械学習（AI／ML）サービス、および分析サービスに関する基本的な知識を解説します。様々なAI／ML サービスの概要とデータ分析のためのサービスの概要、また、各サービスが実行するタスクを理解することがポイントです。

Machine Learningの全体像

この章で紹介されているMachine Learning（機械学習）に所属するサービスを使うことで、これまで人手をかけて行っていた非構造化データの処理や、データの予測による投資効率の最適化等が可能になります。

Machine Learningのサービスは、大まかにインフラストラクチャ、分析、アクション、機械学習スキルの向上の4つに分けることができます。これは、ユーザーから見た視点で分類されています。

■ 機械学習に分類されるサービスの分類

インフラストラクチャ　　　　　　　　　　　　　　　　　　分析

Amazon
Rekognition

Amazon
Transcribe

Amazon
Textract

Amazon
Elastic Inference

Amazon
SageMaker

Amazon
Comprehend

Amazon
Kendra

Amazon
Translate

Amazon
Augmented AI

Amazon
Fraud Detector

Amazon
Forecast

Amazon
Personalize

AWS DeepLens

AWS DeepRacer

Amazon Lex

Amazon Polly

機械学習
スキルの向上

AWS DeepComposer

アクション

インフラストラクチャに分類されるのは、ユーザーが機械学習を利用するにあたって必要なインフラストラクチャを提供するサービス群です。機械学習モデルを構築するためのプラットフォームや、機械学習に必要なコンピュートリソースを提供します。

分析に分類されるのは、機械学習を利用して特定の情報を得るためのマネージドサービス群です。画像から構造化データを抽出することや、大量の構造化データから新しいデータを発見することが可能です。

アクションに分類されるのは、機械学習を利用して人に働きかけを行うマネージドサービス群です。人の意図を推測して、適切な返答をするチャットボットサービスや文字から音声を生成するサービスを提供します。

機械学習スキルの向上に分類されるのは、AWSユーザーが機械学習を学ぶためのサービス群です。小さな仮想レーシングカーを走らせて、機械学習を利用して最速ルートを探し、ほかのユーザーとタイムを競うといったサービスや、音楽を入力して学習させて伴奏を自動生成する自動作曲サービスを提供します。

■ インフラストラクチャに分類されるサービスの特徴

インフラストラクチャに分類されるサービスは、主にユーザーが機械学習を行う際の基盤となるサービスが中心となります。**自分自身でコードを書いて機械学習の仕組みを構築できるユーザーが利用するサービス**です。インフラストラクチャに分類されるのは、下図に記載されている3つのサービスです。なお、本書では特に重要なAmazon SageMaker（SageMaker）を取りあげます。

■ インフラストラクチャに分類されるサービス群

Amazon SageMaker

Amazon Elastic Inference

Amazon Augmented AI

分野	機械学習インフラ	GPU増設	予測結果の品質管理
利用シナリオ	機械学習を行うためのインフラを提供。Jupyter Notebookという対話式のPythonの実行環境に機械学習のコードを書いて利用する。機械学習に最適化されたインスタンスが用意されている。また、学習済みモデルの管理やメンテナンスを支援するための機能も搭載	EC2、SageMaker、ECSに追加のGPU搭載のハードウェアをアタッチするサービス。このサービスを利用することによってインスタンスサイズを上げる対応をすることなく、一時的にGPUを増設して機械学習のパフォーマンスを低コストで向上させることができる。ただし、現在は新規のユーザーは利用できないため、AWS Inferentiaというチップを搭載したEC2インスタンスを代替的に利用する	機械学習モデルを使って、予測した結果が問題ないかを人の手で確認するフローを支援するサービス。機械学習を使った予測をすると予測の結果の信頼度も一緒に得られるため、信頼度が低いものについて人が確認するといった使い方が可能

■ 分析に分類されるサービスの特徴

　分析に分類されるサービスは、機械学習を利用して構造化、非構造化データを分析するサービスです。構造化データとは、いわゆるリレーショナルデータベース等で扱われるデータを指します。具体的には、ユーザー情報等のマスタデータや購買履歴等のトランザクションデータです。非構造化データとは、画像や音声データ等の二次元の表形式のような構造に定義ができないデータを指します。**データを分析することで特定の知見を得ることを可能にするマネージドサービス**が分類されています。分析に分類されるのは、下図に記載されているサービスです。なお本書では、Amazon Rekognition（Rekognition）を詳細に取りあげます。

■ 分析に分類されるサービス群

Amazon Rekognition

Amazon Transcribe

Amazon Textract

分野	画像・動画解析	音声→テキスト変換	画像→テキスト変換
利用シナリオ	画像や動画内に含まれる物体（机、ベッド等）やシーン（ショッピング等）の検出、顔を検出して感情の分析やターゲットの顔画像と比較してどの程度一致しているかを分析、画像内に含まれる文字を抽出といったことが可能	音声をテキストに変換する自動音声認識サービス。例えば、カスタマーサポートで対応した問い合わせの通話をテキストとして記録しておくことができる。複数人話している場合にそれぞれの話者を識別して記録することも可能	画像からテキストを抽出する機械学習サービス。画像データからKey-Valueを自動で認識して、変換してくれる機能（例：氏名｜田中太郎といった組み合わせ）や、テーブル形式の情報（会計情報等）を自動認識し、事前に項目情報を定義したデータベースに自動的に取り込むことができる

Amazon Comprehend

Amazon Kendra

Amazon Translate

分野	自然言語処理	検索サービス	翻訳サービス
利用シナリオ	機械学習を利用したテキスト分析サービス。例えば、文章が肯定的なのか否定的なのかを判断したり単語ごとの出現頻度をカウントする機能がある。Amazon Comprehend Medicalという医療関連のサービスも用意されており、構造化されていない検査結果や医師の記録を含む臨床テキストに含まれた有益な情報を検出できる	機械学習を利用した検索サービス。「AmazonのCEOは誰ですか？」といった自然言語での検索が可能。検索結果に対するクリックや結果に対する評価（良い、悪いのフィードバック）によって、関連度の高いものを検索結果上位に表示できる	機械学習を利用した言語の翻訳サービス。75言語、5550通りの言語の翻訳の組み合わせに対応。文章の前後の文脈やその前の文章までの翻訳との組み合わせを考慮し、質の高い翻訳結果を出力する。業界や企業特有の単語を登録してカスタマイズすることで、翻訳の精度を高めることも可能

Amazon Fraud Detector

Amazon Forecast

Amazon Personalize

分野	不正検知	予測サービス	レコメンドエンジン
利用シナリオ	機械学習を利用してオンライン支払い詐欺や偽のアカウントの作成等、潜在的に不正なオンラインアクティビティを識別するフルマネージドサービス。ユーザーが過去の不正利用を提供することで自動で不正検知のモデルを作成する	機械学習を利用して予測を行うフルマネージドサービス。例えば1カ月後の商品の需要や1週間後の来客予測等の様々なビジネスのユースケースの中で将来の数値を予測することができる	機械学習を利用して、ユーザーに対する最適な推奨事項を算出するレコメンドサービス。例えば、ユーザーが購入しそうなアイテムを算出したり、クーポンを送ることで購入する確率が高いユーザーを算出するといったことが可能

■ トレーニングの特徴

　トレーニングに分類されるサービスは、**ユーザーが機械学習を学ぶためのプラットフォームとして提供されるサービス**です。仮想レーシングカーや自動作曲キーボード、深層学習対応ビデオカメラを使って、ユーザーは機械学習を容易に学び始めることができます。トレーニングに分類されるのは、下図に記載されているサービスです。

■トレーニングに分類されるサービス群

AWS DeepRacer　　　　AWS DeepComposer　　　　AWS DeepLens

分野	仮想レーシングカー	自動作曲キーボード	機械学習用ビデオカメラ
利用シナリオ	機械学習によって走行ルートを最適化したレースカーによるレース。ユーザーが各自で機械学習モデルを作ってオンラインやオフラインでレースを行う。オンラインの場合は3Dのレーシングシミュレーターでリアルタイムでタイムを競う。オフラインの場合は、AWSが主催する大会でラジコン程度の小さなレースカーでタイムを競う	機械学習を利用して曲を自動生成するキーボード。このキーボードを利用してメロディを入力すると、メロディに合わせた伴奏が生成される。AWS側でポップやクラッシックといった定義済みのモデルを用意している。ユーザー独自のモデルを作成し、利用することも可能	ユーザーが機械学習スキルを向上させるために設計された深層学習対応ビデオカメラ。例えば、ビデオで撮影された物体が何かを深層学習モデルで判断し、通知をするなどのアクションを取ることができる。なお、事前トレーニングしたモデルか、自分でトレーニングしたモデルから深層学習モデルを選択できる

■ アクションの特徴

　アクションに分類されるサービスは、今までの機械学習関連の分析サービスと違い、**明確なアクションが実行されるもの**が中心です。アクションに分類されるのは、次ページの図に記載されているサービスです。本書では、問い合わせへの対応を自動化するAmazon Lex（Lex）や音声を作成することができるAmazon Polly（Polly）を紹介します。

■ アクションに分類されるサービス群

Amazon Lex

Amazon Polly

分野	会話	読み上げ
利用シナリオ	Alexaのような会話サービスを提供する。チャットボットや音声会話サービス等を構築することが可能。事前に、会話のフローを設定しておくことで特定のセンテンスに対して、Lambdaを呼び出し、処理を行うといった使い方が可能	入力したテキストを読み上げて音声データとして出力する。言語や音声、イントネーション、読み上げる速さ等を細かく設定可能

2 SageMaker

Amazon SageMaker（以下、SageMaker）は、機械学習モデルを構築、学習、デプロイを支援するための基盤を提供するサービスです。**ユーザー自身で1から機械学習モデルを作成し、メンテナンスする場合に利用**します。

機械学習では以下の5ステップが主な作業になります。SageMakerはユーザーがそれらのステップを行うための基盤を提供します。

● ラベリング

データにラベルを付けて、学習データを作成します。例えば、犬が写っている写真に対して、「犬」というラベルを付けることでコンピュータが学習できるようになります。

● 開発

学習を行うプログラムのソースコードを書いてテストを行います。

● 学習

開発で作成したソースコードを実行し、学習モデルを構築します。

● デプロイ

　作成したモデルを本番環境にデプロイします。つまり、実運用の中で利用できる状態にします。

● 推論

　学習したモデルを利用して新しいデータをもとに推論を行います。推論とは、学習で構築したモデルに実際のデータを当てはめて、予測値などの結果を得るステップです。

■ ラベリング

　Amazon SageMaker Ground Truthというサービスが用意されています。ユーザーがデータをアップロードすると、ランダムでいくつかデータがピックアップされ、それに対してラベル付けを行います。それに基づいて、AWS側で機械学習を利用して自動でラベル付けを行い、信頼度の低いものについてはユーザーに提示され、ユーザーが手動でラベル付けを行います。

　また、個人情報や機密情報が含まれていないデータのラベリングの場合は、AWSのプラットフォームを通じてクラウドソーシングサービスの請負業者に依頼することも可能です（Amazon Mechanical Turkというサービスを利用します）。

■ 統合開発環境

　SageMakerでは、Amazon SageMaker Studioという統合開発環境が追加料金なしで利用できます。このサービスを利用すると、SageMakerで利用できる複数のサービスを1つの画面で操作することが可能になります。

■ SageMakerアーキテクチャのイメージ

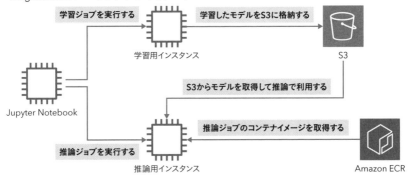

3 Rekognition

Amazon Rekognition（以下、Rekognition）は、静止画や動画から様々な物体や動作等を認識する画像解析サービスです。Rekognitionには、大きく分けて「Rekognition Image」と「Rekognition Video」の2つがあります。名前の通り、前者は静止画の解析をするサービスで、後者は動画を解析するサービスです。認識できるものは二者の間ではほぼ同じです。

どちらのRekognitionサービスでも、**画像内に含まれる物体（机、ベッド等）や画像のシーン（アウトドア等）を検出したり、顔を検出して感情の分析やターゲットの顔画像と比較してどの程度一致しているかを分析したり、画像内に含まれる文字を抽出する**といったことが可能です。また、Rekognition Videoでは動画内の人の動線をトラックする機能や動画内の人物の行動（例：信号を渡る）の検出等が可能です。なお、**画像認識で識別できる対象はAWSで事前に用意しているものだけでなく、自分で作成することも可能です。**利用する場合は少量のトレーニングセット（数百枚以下）を用意してラベル付けを行い、AWSコンソールにアップロードします。画像をラベル付けして検索インデックスを作り、画像の管理を容易にするといったユースケースがあります。

■ オブジェクト検出のイメージ

出典：AWS公式ページ「Amazon Rekognition開発者ガイド」より引用

4 | L e x

Amazon Lex（以下、Lex）は、**音声やテキストベースで自動対話可能なインタフェースを作成する**ためのマネージドサービスです。

対話型のインタフェースとは、いわゆるチャットボットやAlexa、Siriのようにクライアントと自動で対話ができるアプリケーションを指します。クライアントが問い合わせ等のメッセージをボットに送ると、ボットはクライアントの質問の意図を分析して最適な答えを返したり、アクションを実行したりするインタフェースのことです。

なお、このサービスにはAlexaに利用されている音声認識や言語の解析技術が利用されています。

Lexでは、「Intent」と呼ばれる対話アクションのセットを定義し、「発話」と呼ばれるIntentの起動ワードを検知することで対話が開始されます。例えば、バスの予約のチャットボットを作成する場合、クライアントから「バスの予約を取りたいです」と呼びかけられることで、バス予約を実行するための対

話が始まります。

　また、会話の中でクライアントから情報を受け取りビジネスフローに組み込みたい場合は「スロット」と呼ばれる情報の受け皿を定義します。

　必要な「スロット」がすべて満たされると、「フルフィルメント」と呼ばれるアクションを定義した関数が呼び出されます。ここで事前に構築したLambdaを呼び出すように定義すると、予約等のビジネスロジック等を実装することができます。

■ Lex実装時の各要素のイメージ

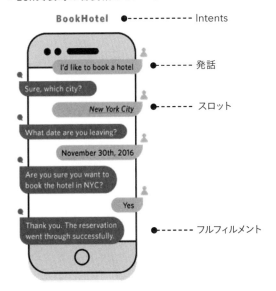

出典：Amazon公式サイト「Amazon Lexの特徴」から引用

第
15
章

A
W
S
の
人
工
知
能
と
機
械
学
習
サ
ー
ビ
ス
と
分
析
サ
ー
ビ
ス

5　Polly

　Amazon Pollyは、**テキストをリアルな音声に変換するマネージドサービス**です。ユーザーはAPIを介して、手元のテキストデータを音声データに変換することができます。日本語を含む30近くの言語タイプを選択することがで

き、それぞれの言語の訛りや男性や女性の声等の細かい選択肢が用意されています。音声はmp3を始めとして、PCM出力形式といったIoT向けに利用される形式等の様々な形式を選択できます。

特別な発音をする造語等も、ユーザーが発音を細かく設定し、単語として登録が可能です。また、読み方や声の大小や高低も設定できます。例えば、ニュースキャスター風の読み方や囁き声、高い声等といった設定が可能です。読み上げのスピードも調整することができ、吹き替え時等に動画の枠に合わせた読み上げを行うことも可能です。

出力は音声データだけでなく、メタデータでの出力ができます。メタデータには、何秒の時点でどの単語や文字をどのように発音するかといった内容がJSON形式で記載されています。

■ Pollyにおける話し方の設定の一例

例	SSML
普通の話し方。	（なし）
ニュースキャスターのような話し方をします。	\<speak\>\<amazon:domain name="news"\> ニュースキャスターのような話し方をします。 \</amazon:domain\>\</speak\>
高い声で話します。低い声で話します。	\<speak\> \<prosody pitch="high"\>高い声で\</prosody\>話します。 \<prosody pitch="low"\>低い声で\</prosody\>話します。 \</speak\>
文章の中に一時停止を挟むことができます。	\<speak\> 文章の中に一時停止を \<break time="3s"/\>挟むことができます。 \</speak\>
呼吸音を挟んで人間の発話に近い形にします。	\<speak\> 呼吸音を \<amazon:breath duration="medium" volume="x-loud"/\> 挟んで人間の発話に近い形にします。 \</speak\>

6 分析サービスの全体像

これまでMachine Learningに所属するサービスを見てきましたが、ここからはデータ分析に関連するサービスを紹介します。

分析サービスでは、「社内外の様々なシステムに散らばったデータを収集、分析しやすい形に変換、データから気づきを得られるように可視化を行う」という一連の処理を行います。この章で頻出するAmazon Redshift（以下、Redshift）は、データベースという位置づけで説明しました。

データ分析では、大まかに収集、抽出、変換、保持、可視化の5つのフェーズがあります。

● 収集

収集のフェーズでは、散らばったデータを管理し、容易に取得できるようにします。

● 抽出

抽出のフェーズでは、必要なデータを必要な分だけ取得します。例えば、売上を分析したい場合には、売上情報を管理しているシステム（POS等の販売管理システム）から、その日やその週の売上を取り出す処理を行います。

● 変換

変換のフェーズでは、抽出したデータを分析しやすい形に整形します。不要な項目を削る、値の揺らぎ（同じ値でも全角半角の違いがある場合等）を修正する、データを結合して新しい値を作る（都道府県と市区町村以下をマージして、住所の項目を作る等）等の処理を行います。

● 保持

保持のフェーズでは、抽出したデータや変換したデータを保存し、いつでもデータ分析に使える状態にします。

● 可視化

可視化のフェーズでは、収集したデータを分析し、気づきを得ることや状況を把握するためにデータをグラフ等の状態で表します。

次の図では、これから紹介する各サービスがどのフェーズをカバーしているのかを示しています。各フェーズは互いに密接に関係しており、多くの場合は一連の処理の中で同時に行われます。AWSで提供するほとんどの分析サービスでは、1サービスで複数の分野をカバーしています。

■ データ分析のフェーズと各サービスのカバー範囲

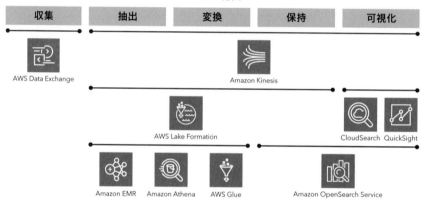

7 │ Data Exchange

AWS Data Exchange は、データを購入するマーケットプレイスです。このサービスを利用することで、様々なデータプロバイダーからデータを購入することができます。

例えば、ニュースの提供会社ロイターから過去のニュースデータを購入したり、別の会社から詳細な気象データを購入することができます。執筆時点で300を超えるデータプロバイダーから、1000種類以上のデータを選択することが可能です。

また、データの購入者（サブスクライバー）は、購入したデータをS3にダウンロードできるため、各AWSサービスと連携してすぐに分析を始められます。なお、購入したデータに新しいバージョンを追加されると、EventBridgeの通知を受ける機能もあります。

8 Kinesis

Amazon Kinesis（以下、Kinesis）は、リアルタイムにストリーミングデータを収集し、処理するためのサービス群です。ストリーミングデータは、複数のデータソースから継続的に生成されるデータです。一般的には、生成されるデータはキロバイト単位の小規模なものです。例えば、IoTデバイスで生成されたデータや、リアルタイムのアプリケーションログ等が該当します。

Kinesisと名が付くサービスとして、Amazon Kinesis Data Streams、Amazon Kinesis Data Firehose、Amazon Kinesis Data Analytics、Amazon Kinesis Video Streamsの4つのサービスが提供されています。各サービスでは、ほかのサービスと連携してデータの分析や処理を行います。**データを保存する機能はS3やEMRにもありますが、これらはKinesisと異なり、大量のストリーミングデータの書き込みの入力を処理できません。**

■Kinesisを構成するサービス

サービス名	概要
①Kinesis Data Streams	アプリケーションログやSNSデータ等のストリーミングデータの取り込み。アプリケーションログやSNSデータ等
②Kinesis Data Firehose	ストリーミングデータを取り込んで変換し、データレイクであるS3のほか、Redshift、OpenSearch Service、Splunk、Datadog等の分析サービスにロードする
③Kinesis Data Analytics	ストリーミングデータをSQLクエリでリアルタイムに分析する
④Kinesis Video Streams	接続されたデバイスからのビデオストリーミングの取り込み

1 Kinesis Data Streams

Amazon Kinesis Data Streamsは、ストリーミングデータを処理、分析するためのサービスです。ストリーミングデータとは、数千、数万のデバイス等のデータソースによって継続的に生成されるデータです。クリックストリーム、アプリケーションログ、ソーシャルメディア等の様々なタイプのストリーミングデータが収集可能です。**アプリケーションはKinesis Data Streamsからデータをリアルタイムに取り出して、分析処理を行います。**

2 Kinesis Data Firehose

Amazon Kinesis Data Firehoseは、ストリーミングデータをS3、Redshift、後述のAmazon OpenSearch Serviceにロードする機能を持つサービスです。過去、KinesisがKinesis Data Streamsに該当するサービスしか提供していなかったときは、これらのサービスへの配信の機能を別途、データ処理アプリケーションとして実装する手法が用いられていました。**S3、Redshift、OpenSearch Service、Splunk、Datadog等のサービスプロバイダー、汎用HTTPエンドポイントへの配信であれば、AWSマネジメントコンソールからプログラミングをせずにすぐに配信のための設定が完了します。**

3 Kinesis Data Analytics

Amazon Kinesis Data Analytics（以下、Kinesis Data Analytics）は、Kinesisに保持されているストリーミングデータに対して、標準的なSQLクエリを発行して分析を行うことができるサービスです。**ストリーミングデータを何らかのデータベースに移すことなくクエリを発行できるため、リアルタイムでストリーミングデータを分析できます。**

■ Kinesis Data StreamsとKinesis Data Firehose

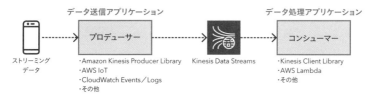

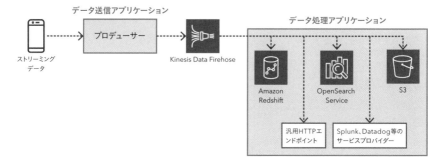

4 Kinesis Video Streams

Amazon Kinesis Video Streamsは、カメラやビデオといった何百万ものデバイスからのビデオストリームを取り込み、アプリケーションからの動画解析を可能にします。例えば、ショッピングセンターや道路にカメラを多数設置し、大量の動画をKinesis Video Streamsで取り込むことで、犯罪の防止のための解析を行う用途に使用できます。

■ Kinesis Video Streams

9 Lake Formation

AWS Lake Formation（以下、Lake Formation）は、データレイク機能を提供するサービスです。日々の分析活動で利用する、企業活動により発生する構造化データ（CSV や Excel で扱われる行列形式のデータ等）／非構造化データ（画像データ等）を一括して集積する場所をデータレイクと呼びます。

Lake Formation が提供する機能は以下の通りです。

● データの投入

Lake Formation では、既存の S3 バケットをそのままデータレイクとして利用できるほか、RDS、オンプレミスのデータベース、Kinesis、Glue 等の AWS のサービスをデータの入力元として指定して、データを取り込むことができます。

● データの処理

収集されたデータに対して、Lake Formation ではデータのカタログ化、重複の排除と最適化、暗号化／アクセス制御／監査ログによるデータの保護等を提供します。重複の排除と最適化では、機械学習を利用して表記ゆれを検知し、同一レコードとしてまとめる機能を提供します。例えば、社名「**株式会社田中商店**」、住所「東京都千代田区」のレコードと、社名「**(株)** 田中商店」、住所「東京都千代田区」のレコードがあった場合に、Lake Formation は同一の可能性が高いと判断し、ユーザーに同一レコードか否かの確認を求める機能があります。

● データの連携

Lake Formation に統合されたデータは、その種類と目的に応じて、Athena、Redshift、EMR 等の AWS が提供する各種分析向けサービスから参照することができます。

■ Lake Formationでのデータ管理の一元化イメージ

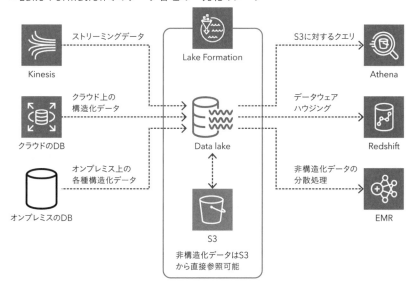

10 Glue

　AWS Glueは、AWSが提供するETLとデータカタログのマネージドサービ
スです。AWSでデータレイクとして扱われるS3に保存された半構造化もしく
は構造化データを、データウェアハウスのマネージドサービスであるRedshift
で利用できる形式に変換します。データソースターゲットの構造の差異から、
ETLのためのスクリプトをPythonもしくはScalaで自動生成できます。これら
の言語は、Glueが稼働するApache Sparkという分散処理のエンジンに対応し
たものです。

　データカタログは様々なデータソースに存在するデータの属性情報であるメ
タデータを集中管理します。このデータカタログは、データの読み取り先、読み
取り方法、その他データ処理に必要な情報を属性情報として管理します。これ
らの情報は、EMR、Athena、Redshift／Redshift Spectrum等から参照されま
す。

Glueが連携できるのは、ネイティブで連携がサポートされているAWSサービス等のデータソースだけではありません。**Glueカスタムコネクタ**により、SaaSアプリケーションやほかのクラウドのデータソースといった、Glueがネイティブでサポートしていないデータソースとも統合できます。

■ Glueと連携するサービス

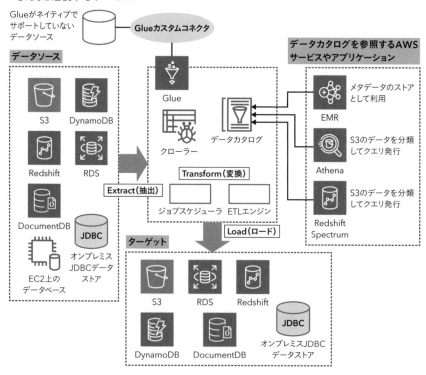

11 | EMR

Amazon EMR（以下、EMR）は、大量のデータを処理する分散処理フレームワークであり、特にHadoopやSparkの実行環境を提供するマネージドサービスです。

■ 分散処理の概要

データレイクに蓄積されるデータは大規模になることが多く、テラバイトからペタバイトのサイズになることがあります。単一のコンピュータでは処理しきれないサイズであるため、大量のコンピュータによる並列処理が必要になります。この処理のことを**分散処理**といいます。

EMRを利用することで、分散処理に必要なインフラストラクチャとアプリケーションの実行環境を効率的に構築することができます。つまり、多数のハードウェアを利用して、大量のデータをデータウェアハウスや機械学習のアプリケーションで利用することが容易になります。

■ EMRのユースケース

EMRを利用することによって、データの分散処理を行うために必要なタスクを管理、分割、処理するインスタンス群の構成と、実際に処理を行うプログラムの実装が容易になります。そのため、ソフトウェアとハードウェアの両面から分散処理基盤の構築が必要な場合、EMRの利用を検討するとよいでしょう。

■ EMRのアーキテクチャ

● EMRのクラスターとノード

EMRで分散処理を実現しているリソースの集合を、**EMRクラスター**といいます。EMRは役割の異なる3種類のインスタンス（ノード）によって構成されます。アプリケーションのリソースを管理する**マスターノード**、各タスクを実行する**コアノード**、並列化されたタスクを実行する**タスクノード**が存在します。

マスターノードはコアノードを管理し、コアノードはタスクノードを管理します。クラスターは、**マネージドスケーリング**の機能により、負荷に応じて自動的にクラスターのサイズが変更されます。この機能は、Amazon EMR バージョン 5.30.1 以降の Apache Spark、Apache Hive、YARN ベースのワークロードで実行が可能です。

● EMRのコンピューティングリソース

分散処理は性質上、大量のデータを処理するときだけ大量の計算資源を必要とします。そのため、処理量に応じて必要な量のハードウェアを従量課金で用意し、容易に追加することのできるクラウドと相性がよいといえます。特に、

EMRのタスクノードで、EC2のスポットインスタンスを利用することにより、効果的なコスト最適化を行うことができます。

| ワンポイント |

スポットインスタンスとは、AWS全体で余っているインスタンスを、入札形式で割引購入できるオプションです。

● EMRのストレージ

Hadoopには、HDFS（Hadoop Distributed File System）と呼ばれる分散ストレージが含まれますが、AWSの場合、これをS3に置き換えることで、簡単に低コストで冗長化されたスケーラブルなストレージエンジンを実現できます。

そのほかに、KinesisからのEMRへのストリーミングデータ入力や、EMRとDynamoDBとの間での入出力も可能です。

■EMR入出力イメージ

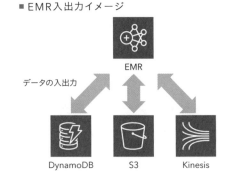

データの入出力

EMR

DynamoDB　　S3　　Kinesis

---

12 | Athena

Amazon Athena（以下、Athena）は、S3上のデータに標準SQLによるクエリを直接実行し、データ分析を簡易に実行するためのクエリサービスです。

AWS上でS3をデータレイクとして活用する場合、Redshiftクラスター上に該当データをロードするか、Redshift Spectrumを利用してデータのスキーマを作成しなければ、データにクエリを実行することができませんでした。

Athenaを利用することで、S3上に保存されたデータを用いて、事前にクエリ実行用のインフラストラクチャをプロビジョニングすることなく、サーバー

レスなデータ分析を実現することが可能です。

■ Athenaの利用方法

　AthenaからS3へのクエリ実行には、AWSマネジメントコンソール上で対象のデータが保存されているS3バケットをAthenaに登録し、該当のバケットに存在するデータに対して、テーブル定義を作成することが必要です。

■ Redshift Spectrumとの使い分け

　Athenaと類似するサービスとして、RedshiftからS3のデータを直接参照できる、Redshift Spectrumがあります。

　S3のデータに対してのみ分析を行いたいものの、Redshiftクラスターを作成する費用対効果に見合わない場合、Athenaでの軽量なクエリ実行が選択肢となります。他方、Redshift上に存在するデータとS3上に存在するデータの組み合わせが必要な場合、Redshift Spectrumの利用が選択肢になります。

　また、「Redshiftクラスターを構築する前に新規データの利用可否を検討する場合」「利用頻度の低いデータをBI経由で参照する場合」等、S3上のデータに対してアドホックかつ簡易に行いたい場合は、Athenaの利用が有効です。

■ Athenaとの組み合わせが有効なサービス

　S3はAWSにおける各サービスのデータハブとしての役割を持っており、Athenaの利用を検討できるデータは多岐に及びます。データ分析の用途では、ETL処理を実行するGlueや、ストリーミングデータを処理するKinesisからデータを投入し、Athenaを用いて分析することが可能です。また、各種サービスから出力されるログを集約することで、セキュリティ監査のための分析を効率的に行うことも可能です。この場合、CloudTrail、CloudFront、ELB、CloudWatch、VPC Flow Logs等がデータの生成元になります。QuickSightからAthenaを呼び出すことで、Athenaでクエリを実行した結果を効率的に可視化することもできます。

■ Athenaで実現するサーバーレスデータ分析

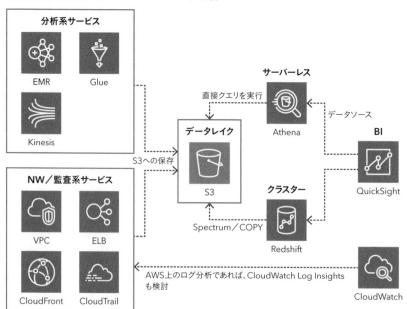

13 | CloudSearch

Amazon CloudSearchは、Webサイトやアプリケーションに検索エンジンを簡単に構築できるマネージドサービスです。

検索エンジンの作成はAWSマネジメントコンソール上から簡単に行うことができます。

類似した後述のAmazon OpenSearch Serviceと比較して、CloudSearchでは検索に特化した簡易なサービスを構築することができます。「検索対象のデータがすでに簡単な形で用意されている場合」「検索機能に複雑なカスタマイズが不要な場合」「既存のアプリケーションへ検索機能を効率的に組み込みたい場合」は、CloudSearchの利用を検討するとよいでしょう。

CloudSearchを利用して検索サービスを構築する際には、検索ドメインを作成します。

検索ドメインは、データとインデックスのセットからなります。検索する際はこのドメインに対してクエリを投げて検索結果を取得します。まず、既存のデータセットのサンプルをアップロードし、データからインデックスを作成します。データは、JSONやXML（.json／.xml）形式、カンマ区切り値（.csv）、テキストドキュメント（.txt）が利用できます。

インデックス作成後に検索対象のデータをCloudSearchに取り込むことで検索ドメインが作成され、検索エンジンのデプロイやデータの検索が行えるようになります。

14 QuickSight

Amazon QuickSightは、AWSが提供するマネージドのBIサービスです。AWS上で構築された分析基盤における、最後の可視化の部分を担うサービスです。BIとは、ビジネスインテリジェンス（Business Intelligence）の略称で、データを端末上でグラフや表等にして可視化し、必要に応じて分析を行うことで、ビジネスに必要な洞察を取得するためのUIを提供するサービスのことを指します。画面はダッシュボードやレポートの形で自由に作成することが可能で、閲覧する人の属性に合わせて、柔軟な設計が可能である点が特徴です。

15 OpenSearch Service

Amazon OpenSearch Service（以下、OpenSearch Service）は、AWSが提供するフルマネージド型の検索エンジンサービスです。スケーラビリティとパフォーマンスに優れた検索と分析機能を提供します。OpenSearch Serviceは、クラスタのデプロイメントや設定、スケーリング、モニタリング等の面倒な運用タスクをAWSが管理し、ユーザーは簡単に検索エンジンをセットアップできます。オートスケーリングにより、トラフィックの変動に応じてクラスターのサイズを自動的に調整します。マルチAZデプロイメントにより高い可用性と耐久性を提供し、データの保護を確保します。セキュリティ機能も充実しており、データの暗号化やアクセス制御等の保護策を提供します。

また、AWSのエコシステムとのシームレスな統合が可能であり、CloudWatchやIAM等のサービスと連携してデータの監視や処理、可視化を実現します。OpenSearch Serviceを使用することで、高性能でスケーラブルな検索エンジンを簡単に構築し、効率的なデータのインデックス化、検索、分析を実現できます。

｜ ワンポイント ｜

CloudSearchが簡易な検索エンジンを実現するために利用される一方、取り扱うデータが複雑な場合や、詳細な設定をカスタマイズする要件があった場合、Opensearch Serviceを使用することが推奨されます。

---

16 ｜ MSK

Amazon Managed Streaming for Apache Kafka（以下、MSK）は、AWSが提供するApache Kafkaベースのフルマネージドなストリーミングデータサービスです。Apache Kafkaは、高スループットでリアルタイムなデータストリームを処理するための分散メッセージングシステムです。

MSKは、Kafkaクラスタのデプロイメント、管理、監視等の運用面をAWSが担当し、ユーザーはシンプルにKafkaにアクセスできます。オートスケーリング機能によりクラスターのサイズを自動的に変更し、トラフィックの変動に柔軟に対応します。複数のAZにまたがる冗長性と耐久性を提供し、高可用性を実現します。セキュリティ面では、データの暗号化やVPCへのプライベートアクセス等の機能を提供し、データの保護を強化します。

また、AWSのエコシステムとのシームレスな統合が可能であり、CloudWatchやLambda等のほかのAWSサービスと連携して総合的なデータ処理ソリューションを構築できます。MSKを使用することで、スケーラブルで高性能なストリーミングデータの処理と分析を簡易かつ効率的に実現できます。

MEMO

第 **16** 章

AWSの
その他のサービス

重要度 B

　この章では、AWSのその他のサービスとして、開発者ツールに
関するサービス、モバイルアプリ開発に関するサービス、アプリ
ケーション統合に関するサービス、カスタマーエンゲージメント・ビ
ジネスアプリケーション・エンドユーザーコンピューティングに関す
るサービス、IoTに関するサービスについて、基本的な知識を解説
します。

開発者ツールの全体像

開発者用ツールに分類されるサービスの全体像は次の通りです。「レビューする」「開発する」「保存する」「ビルドする」「デプロイする」「デバッグする」の開発における6つのステップを行うためのサービスが提供されています。また、上下に記載されているCodeStarとCodePipelineがそれらをサポートする機能です。

■ 開発者ツールの全体像

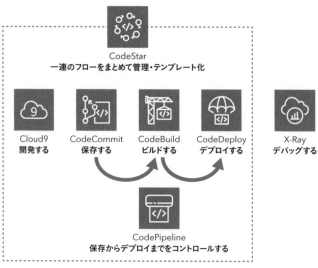

Cloud9

AWS Cloud9（以下、Cloud9）は、クラウド上で利用できる統合開発環境です。統合開発環境とは、コーディングやコンパイル、デバッグ等を最初から最

後までまとめて行うことができるソフトウェアのことです。**Cloud9を利用すると Web ブラウザ上でプログラムの開発作業を行う**ことができます。自分のPC 上でのセットアップ作業は一切不要です。

　また、VPCのプライベートサブネット上に構築することも可能です。AWS Systems Manager Session Manager を利用することで、プライベートサブネット内のリソースに対してセキュアにアクセスし、メンテナンスすることが可能です。

■ Cloud9の利用イメージ

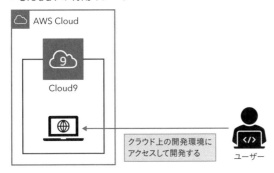

3 CodeGuru

　Amazon CodeGuru（以下、CodeGuru）は、CodeGuru セキュリティと CodeGuru Profiler という2つの独立したサービスで構成されています。

　CodeGuru セキュリティは、Java、Python および JavaScript コードのセキュリティ脆弱性を検出する機械学習およびプログラム分析ベースのコードスキャンツールです。

　CodeGuru Profiler は、**プログラムのパフォーマンスを測定し、処理が重い部分を検出する**サービスです。測定結果はプログラムの機能のまとまりごとにグラフ形式で表示され、プログラムのどの部分に処理コストがかかっているかが判断できます。また、測定結果を分析してパフォーマンス改善の推奨事項を

提示する機能もあります。

■ CodeGuru Profilerの測定結果イメージ

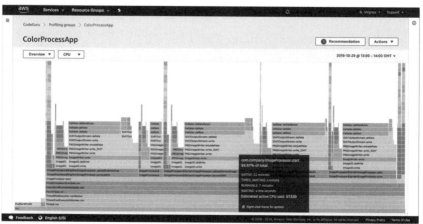

4 CodeCommit

AWS CodeCommit（以下、CodeCommit）は、**開発したプログラムのソー
スコードの保存と管理を行う**サービスです。AWSが管理するGit（プログラム
のソースコード等の変更履歴を記録・追跡するためのバージョン管理ツール）
のリモートリポジトリサービスです。

このサービスを利用することで、クラウド上に安全にソースコードを保存す
ることができます。また、保存したソースコードをほかのチームメンバーと共
有することや、ほかのチームメンバーが変更した内容を自分のソースコードに
取り込むことが可能です。

■CodeCommitの動作イメージ

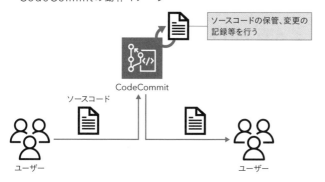

5 CodeBuild

　AWS CodeBuild（以下、CodeBuild）は、**クラウド上でソースコードのテストやビルドを行う**ためのサービスです。ビルドとは、ソースコードに問題ないことを検証し、コンピュータ上で実行できる形式に変換することです。

　CodeCommitや後述のCodePipelineと組み合わせることで、ソースコードの妥当性を検証したり、実行可能な形式に変換したりすることが自動的にできます。なお、ビルド後の生成物はS3にアップロードされます。

■CodeBuildの動作イメージ

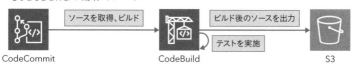

6　CodeDeploy

　AWS CodeDeploy（以下、CodeDeploy）は、プログラムのデプロイを自動化するサービスです。このサービスを利用すると、EC2やLambda、ECSといったサービスに**自動的にプログラムをデプロイするフローを構築する**ことができます。

　また、実行中のサービスへの影響を減らすために、新しいインスタンスを立ち上げてそちらにデプロイしてサービスを切り替えるといった機能や、デプロイ時に問題が起きたらロールバックする機能等、安全にデプロイを行う機能がいくつかあります。

■ 安全なデプロイのイメージ

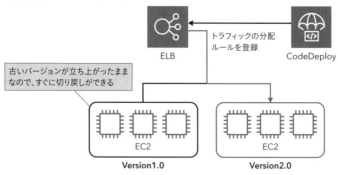

7　CodePipeline

　AWS CodePipeline（以下、CodePipeline）は、**継続的デリバリーの各ステップを管理する**サービスです。継続的デリバリーとは、ソースコードが変更されると自動でビルド、テスト、デプロイが実行される仕組みのことです。こ

れらのプロセスを自動化することで、ソフトウェアへの変更のリリースの速度や、品質を向上させることができます。CodePipeline では、CodeCommit からソースコードを取得し、CodeBuild や CodeDeploy 等を各ステップの中で呼び出すことが可能です。

■ CodePipelineの実行イメージ

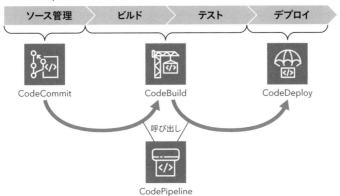

8 CodeStar

AWS CodeStar（以下、CodeStar）は、継続的デリバリーのパイプラインを簡単に構築できるサービスです。このサービスを利用することで、**リポジトリやビルド、デプロイサービスの設定、それらを実行するためのパイプラインの構築、デプロイ先のインスタンスの設定をまとめて行ってくれます**。テンプレートは、Java、JavaScript、Python、Ruby、PHP等のプログラミング言語をサポートし、EC2、Lambda、Elastic Beanstalk 等をデプロイ先として指定できます。

なお、CodeStarは2024年7月31日をもってプロジェクトの作成と閲覧のサポートを終了します。ただし、CodeStarによって作成されたリソースはこの影響を受けず、引き続き機能します。

■ CodeStarの機能イメージ

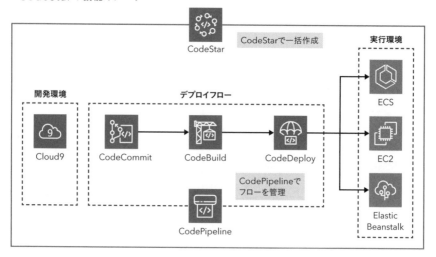

9 X-Ray

　EC2、Elastic Beanstalk、ECS、Lambda等のコンピューティングサービスで実行されているアプリケーションがあるとします。**AWS X-Ray**（以下、X-Ray）は、これらのアプリケーションが処理する**リクエストとレスポンスに関する情報**を収集するサービスです。これらの情報のほか、アプリケーションに連携されたAWSリソース、マイクロサービス、データベースおよび HTTP Web APIに対して行う呼び出しの詳細な情報も収集できます。X-Rayを利用することで、**どのサービスからどのサービスへの通信が行われており、どこが過負荷になっているか、どこで障害が発生しているか等の情報をサービスの関係図で構成されたダッシュボードから確認する**ことができます。

■ アプリケーションのボトルネックのイメージ

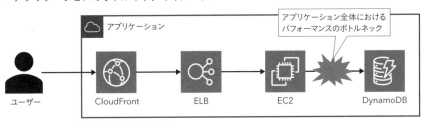

10 その他の開発者用サービスの特徴

1 AppConfig

　AWS AppConfig（以下、AppConfig）は、AWSが提供するアプリケーション構成管理サービスです。構成パラメータの中央管理とリアルタイムの構成変更が可能であり、アプリケーションの動作を柔軟に制御できます。アプリケーションを再起動することなく変更が適用でき、セキュリティとアクセス制御も提供されます。AppConfigを使用することでアプリケーションの構成を効率的に管理し、迅速かつ信頼性の高い対応が可能となります。

2 CodeArtifact

　AWS CodeArtifact（以下、CodeArtifact）は、AWSが提供するマネージド型のソフトウェアパッケージリポジトリサービスです。開発者はCodeArtifactを使用して、プライベートなパッケージリポジトリを作成し、パッケージの保存、管理、共有を行うことが可能です。また、パッケージのキャッシュやバージョン管理、ポリシーコントロール等の機能を提供します。CodeArtifactを使用することで、開発者はセキュアなパッケージ管理を容易にし、効率的なソフトウェア開発プロセスを実現できます。

3 CloudShell

AWS CloudShellは、ブラウザベースのインタラクティブなシェル環境であり、AWSマネジメントコンソールからアクセスできます。事前にAWS CLIやSDKがインストールされており、即座にCLIコマンドやスクリプトを実行できます。さらに、セキュアな環境で動作し、ユーザー専用の仮想マシン上で実行されます。永続的なストレージも提供され、AWSリソースの管理や開発作業を簡素化します。セットアップ不要で使いやすく、AWSリソースとシームレスに連携するため、効率的な作業が可能です。

11 モバイル

モバイルアプリは、主にスマートフォン上で動作するアプリケーションを指します。モバイルアプリでサービスを提供するためには、ユーザーのログイン機能やサーバーとのデータ連携機能等、様々な付随機能が必要です。また、サポートするすべての端末で動作することを保証するために、開発したアプリケーションをテストする必要もあります。AWSが提供するモバイルアプリ向けサービスを利用することで、これらの作業負荷を軽減することができます。

■ モバイルアプリの開発サイクルと対応サービス

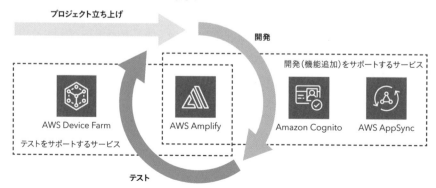

■ モバイルの全体像

AWSは、モバイルアプリの開発プロセスをサポートする各種サービスを提供しています。具体的には、プロジェクト立ち上げ、アプリケーション開発、テストの各ステップにおいて、AWSが提供する各種サービスを利用することが可能です。

プロジェクトを立ち上げる際には、**AWS Amplify** を用いることで必要なコードベースとインフラストラクチャを素早くセットアップすることが可能です。

アプリケーションを開発する際には、**Amazon Cognito** を利用してログイン機能の実装や、**AWS AppSync** を利用してデータ同期機能を効率的に実装することが可能です。また、データベース、ストレージ、アプリケーション統合、Machine Learning等を組み合わせることで、より強力なアプリケーションを実装することが可能です。

アプリケーションをテストする際には、開発者用ツールに分類されるサービスを利用することで、テスト、ビルド、デプロイを効率的に行うことができます。モバイルに特徴的なサービスとして、多種多様なモバイル端末での実機テストを効率化する **AWS Device Farm** を利用することもできます。

1 Amplify

一般的に、モバイルアプリ開発では、使用するフレームワークを選択してコードベースを立ち上げ、サーバーやデータベース等のインフラストラクチャを用意したうえで両者を統合する各種機能を実装し、最後にテストを行ってから本番環境にデプロイします。このステップはルーティンワークとしての側面が強く、アプリケーションの迅速な市場投入のためには、徹底した効率化が求められる領域です。

AWS Amplify（以下、Amplify）を利用することで、AWSが提供するテンプレートに準拠する形で、前述した一連のアプリケーション開発作業を効率化することが可能です。具体的には、Amplifyが提供するテンプレートとツールに従って開発を行うことで、プロジェクトの立ち上げや定番機能の実装を効率化することができます。本サービスを利用し、アプリケーションのデザインから市場投入までの時間を短縮することで、ビジネスのアジリティを高めることが可能となります。

2 Device Farm

　一般的にモバイルアプリ開発では、多種多様のデバイスに対応させる必要
があり、開発者は様々なデバイスを調達してテストを行う必要があります。
AWS Device Farmを利用することで、開発したモバイルアプリをAWSデー
タセンターに存在するデバイス上でテストすることができます。開発者がデバ
イスを独自に調達する必要がないため、モバイルアプリの開発コストを抑えな
がら、多くのモバイル端末に対応することが可能となります。

3 AppSync

　コンシューマー向けモバイルアプリでは、一貫したユーザーエクスペリエン
スを提供するために、スマートフォン内に格納されたデータを企業が所有する
サーバーや、ユーザーが所有するほかの端末とタイムリーに同期する機能が必
要です。通常、データ同期機能は、リトライやキャッシュ等、様々な考慮事項
が存在するため難易度が高く、ゼロから実装すると非常に煩雑な作業になりが
ちです。

　AWS AppSyncは、モバイルアプリとサーバーのデータ同期機能を提供する
マネージドサービスです。本サービスを利用して同期機能を実装することで、
アプリケーションの開発工数を圧縮することが可能になります。

12 アプリケーション統合

　アプリケーション統合に分類されるサービスは、アプリケーション間でデー
タを連携するための手段を提供します。アプリケーション統合の中では、メッ
セージングとワークフローに分類されるサービスが従来からAWSでは活用さ
れており、実務上も重要ですが、その他のサービスについても概要を押さえて
おきましょう。

■ アプリケーション統合の全体像

アプリケーション統合を利用するメリットについて、小売業のシステム（消費者からの注文を受けるフロントエンドと、在庫および請求処理を行うバックエンドからなります）に、突発的な注文が発生したケースを用いて検討します。アプリケーション統合サービスがない場合、突発的な注文の増加時にフロントエンドよりも重い処理を行うバックエンドの負荷が増大し、サービス全体がダウンする懸念があります。

他方、アプリケーション統合サービスを用いてフロントエンドとバックエンドを接続している場合、突発的な注文の増加に対して、アプリケーション統合サービスでリクエストを一時的に保持し、バックエンドへの流量を制限し、システムのダウンや受注情報の欠損に備えることが可能です。また、アプリケーション統合サービスを利用すれば、単一のバックエンドにリクエストを送信するだけでなく、複数のバックエンドにリクエストを転送し、並列的に処理することも容易になります。このように、**アプリケーション統合サービスは、システムの可用性や保守性を高めるための重要な構成要素**です。

アプリケーション統合サービスには、いくつかの異なる統合方式によるサービスが存在します。その中でも、従来から活用されている**アプリケーション間で連携するメッセージの蓄積場所と配信手段を提供するメッセージング型のサービスと複数のアプリケーションの実行順序を定義して、順番に実行していくワークフロー型のサービス**が重要です。

メッセージング型サービスとしては、アプリケーションコンポーネント間のあらゆるボリュームのメッセージ（事前にボリュームが予想されない場合に活用）を送信・保存・受信するメッセージキューである Amazon Simple Queue Service（以下、SQS）や HTTPS・E メール・SMS・モバイルプッシュ・Lambda・SQS に通知を行うことができるプッシュ型の通知サービスを提供する Amazon Simple Notification Service（以下、SNS）が利用可能です。このほか、OSS ベースのサービスとして、多様な通信プロトコルに対応可能な Amazon MQ（Apache ActiveMQ）、分散システムの構築やデータ処理基盤との連携に強みのある Amazon Managed Streaming for Apache Kafka（以下、MSK）も該当します。

ワークフロー型サービスとしては、コンソール上で視覚的にワークフローをデザインすることができる AWS Step Functions が提供されています。

これらに加え、比較的新しいものとして、API管理、コードなしのAPI統合、イベントバスといったカテゴリに分類される各種サービスが存在します。ここでは、アプリケーション統合を構成する個別サービスについて、統合方式ごとにユースケースと使い分けを検討します。

■ アプリケーション統合サービスの分類フローチャート

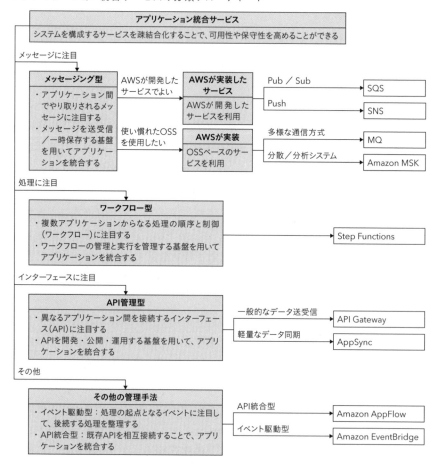

■ メッセージング型

SQSとSNSは、どちらもメッセージング型サービスに分類されますが、送受信の仕組みが異なります。

SQSは、**Pub／Sub型**とのメッセージキューを提供します。Pub/Sub型の

メッセージキューでは、**送信者がメッセージをキューに登録後、メッセージを処理するコンシューマーが能動的にメッセージを取りに行くことで、メッセージのやり取りが実現**されます。

SNSは、**Push**型のメッセージトピックを提供します。Push型のメッセージトピックを採用するSNSでは、**メッセージを処理するサブスクライバーが、トピックに対してメッセージの受信登録（サブスクライブ）を事前に行い、送信者がトピックへメッセージを登録すると、SNSからサブスクライバーにメッセージが自動配信**されます。

次の図では、SQSとSNSの違いを説明しています。

■ メッセージング型サービス（SQSとSNS）の比較

	Amazon SQS	Amazon SNS
方式	Pub／Sub型	Push型
概要	送信者 ①メッセージ登録 SQS（キュー） ②キューに問い合わせ ③メッセージ返信 受信者（コンシューマー）	送信者 ②メッセージ登録 SNS（トピック） ①トピック購読処理 ③メッセージ配信 受信者（サブスクライバー）
処理の流れ	①送信者がSQS（キュー）にメッセージを登録 ②受信者（コンシューマー）がキューにメッセージを問い合わせる ③キューが受信者にメッセージを返却 ④以後、コンシューマーがキューに問い合わせを行い、新規メッセージがキューにあればコンシューマーに返却される	①受信者（サブスクライバー）がSNS（トピック）を購読 ②送信者がトピックにメッセージを登録 ③トピックは受信者にメッセージを配信 ④以後、送信者がメッセージをトピックに登録するたびにサブスクライバーにメッセージが送信される

| ワンポイント |

試験対策としては、仕組みの違いを正確に理解したうえで、Pub／Sub型のSQSが必要なのか、Push型のSNSが必要なのかについて、問題文をよく読んで判断しましょう。

■ ワークフロー型

Step Functionsは、ワークフロー型のアプリケーション統合サービスに分類されます。ワークフロー型のアプリケーションサービスは、個々の処理を実装したワーカーと、個々の処理を統御するオーケストレータからなります。オーケストレータがワークフローを開始し、あらかじめ開発者が指定した条件に応じて様々なワーカーを呼び出すことで、ワークフローが実行されます。

ほかの種類のアプリケーション統合と比較したメリットは、細かく分割された処理を定められた順序に従って管理し、業務の流れに沿って処理を把握することができる点にあります。具体例としては、データの取り込みや複数のデータ変換を順番に行う処理や、eコマースで受注から配送までの複数のビジネスプロセスを自動化するユースケースで利用されます。

■ ワークフロー型サービスの模式図

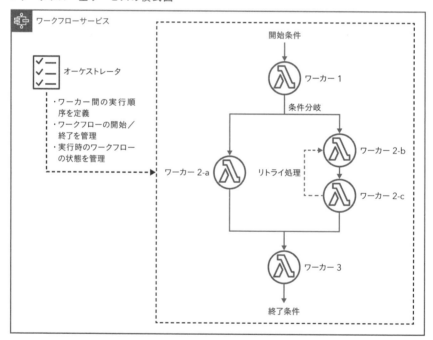

■ Step Functions

Amazon Step Functions（以下、Step Functions）を用いることで、コンポーネント（AWS上のサービス、マイクロサービス、分散アプリケーション

等）にまたがる複雑な処理をワークフローとして定義、実行、管理することができます。

　Step Functionsを導入するメリットは、ワークフロー失敗時の原因を処理ステップごとに追跡することで失敗時の原因特定が容易になることや、処理に失敗したコンポーネントを再実行するように定義して、システム全体の耐障害性を向上できることがあげられます。

■ API管理型

　API GatewayとAppSyncは、どちらもAPI管理型に分類されるアプリケーション統合サービスです。

　一般的にAPIとは、異なる種類のアプリケーション間で、データのやり取りを統一的に定義するインターフェースのことを指します。特にWeb APIと表現した場合、Webブラウザ等で一般的に使用されるHTTP通信を用いてデータのやり取りを行います。Web APIによるアプリケーション統合は、汎用性や再利用性の観点で強力ですが、他方、APIの一覧や用途を的確に把握し、常に最新の状態に維持していなければ有効に活用できないという問題があります。API管理型サービスは、以上の問題に対してWeb APIを効果的に実装・管理するためのプラットフォームを提供することで、効率的なアプリケーションの統合を実現しています。

　API GatewayとAppSyncの違いはサポートするWeb APIの種類にあり、種類の違いで得意とするユースケースの種類も異なります。

● API Gateway

　API Gatewayは、HTTPベースのWeb APIのうち、RESTful API、WebSocket APIといった比較的一般的なWeb APIの作成、公開、運用を提供するサービスです。具体的なユースケースとしては、クライアントからサーバーへのデータ送受信、サーバーレスアプリケーションのイベントハンドリング、サーバーレスアプリケーションと基幹アプリケーションの疎結合化等に利用することができます。

● AppSync

　AppSync（以下、AppSync）は、HTTPベースのGraph QLという比較的新

しいWeb APIをサポートし、クライアントとサーバー間において双方向で軽量なデータ同期を得意とします。また、同一ユーザーが利用する複数デバイスのアプリケーション間で、データを同期する用途にも使用されます。

■ API型サービスの比較

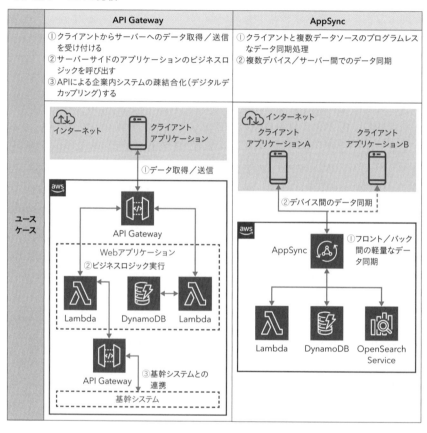

	API Gateway	AppSync
ユースケース	①クライアントからサーバーへのデータ取得／送信を受け付ける ②サーバーサイドのアプリケーションのビジネスロジックを呼び出す ③APIによる企業内システムの疎結合化（デジタルデカップリング）する	①クライアントと複数データソースのプログラムレスなデータ同期処理 ②複数デバイス／サーバー間でのデータ同期

■ イベント駆動型／API統合型

Amazon EventBridge と Amazon AppFlow は、どちらも比較的新しいイベント駆動のマネージドサービスです。いずれも、イベント間の接続を素早く実装し、効率的に管理できる点が特徴です。

● **EventBridge**

Amazon EventBridge（以下、EventBridge）は、**イベント駆動型のアプリケーション統合サービス**です。各種イベントごとに実行される処理をコードレスに定義し、SaaSアプリケーションやAWSサービスを効率的に統合することが可能です。また、EventBridgeはCloudWatch Eventsをベースに開発されており、CloudWatch Eventsの進化系とされています。

● **AppFlow**

Amazon AppFlowは、**コードなしでのAPI統合**を志向し、様々なSaaSアプリケーションとAWSのサービス間を画面上で組み合わせ、サービス間のデータの流れを効率的に実装することができるサービスです。SaaSから受け取ったデータを別のSaaSに直接連携するような用途でも使用することが可能です。

13 カスタマーエンゲージメント

　カスタマーエンゲージメントに分類されるサービスは、企業が顧客とコミュニケーションをとるための手段を提供します。具体的なチャネルとしては、電話によるコミュニケーション、メール等のメッセージ等があげられます。

　カスタマーエンゲージメントに分類されるサービスは、Amazon Connect、Amazon SES、AWS IQ、AWS Activateの4サービスです。

1 Connect

Amazon Connectを利用することで、コールセンターをAWS上に構築し、電話を用いて顧客とコミュニケーションすることが可能です。従来型コンタク

トセンターの置き換えだけでなく、文章読み上げの Amazon Polly や会話エンジンの Amazon Lex と組み合わせることで、コールセンターのオペレーションを大幅に効率化するポテンシャルを持っています。

2 SES

Amazon Simple Email Service（以下、SES）は、クラウドベースのEメール送信サービスです。メールサーバーの運用には特殊なノウハウや作法が必要なため、SESを利用することで、システム開発コストや運用コストの低減を期待できます。ECサイトにおける購入確認、出荷通知、注文状況の更新の消費者への通知、ニュースレターや広告等の配信等、いくつかのシナリオで活用できます。これらは既存のアプリケーションとSESとの連携で実現するケースが多いでしょう。

下図に、カスタマーエンゲージメントに所属するサービスとユーザーの相互関係を整理しました。適切なサービスを選択するためには、コミュニケーションの起点となるのはどちらか、どのようなチャネルでやりとりを行うのかという観点が重要です。

■ カスタマーエンゲージメントの各サービスと対応チャネル

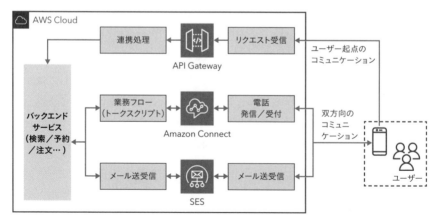

3 IQ

AWS IQは、AWSが提供するオンデマンドのコンサルティングサービスで、ユーザーは、AWSが認定したエキスパートとマッチングし、特定のプロジェクトや課題に関するアドバイスやサポートを受けることができます。具体的には、アーキテクチャ設計のレビューや最適化、セキュリティ監査、DevOpsの導入等、様々な領域でのサポートを受けられます。

また、AWS IQは、プロジェクトごとに価格設定されており、ユーザーは、エキスパートの提供時間とサービス内容に基づいて支払いを行います。

4 Activate

AWS Activateは、AWSが提供するスタートアップ向けのプログラムです。AWSクレジットやテクニカルレポート等、スタートアップ企業がAWSの利用をスムーズに行い、業務を拡大していくためのサポートを受けられます。

14 エンドユーザーコンピューティング

エンドユーザーコンピューティングに所属するサービスは、在宅勤務やオンライン授業等に利用できる各種グループウェアを提供します。

| ワンポイント |

試験対策としては、各サービスの名前と使用ケースを把握しておきましょう。

1 WorkSpaces

Amazon WorkSpaces（以下、WorkSpaces）は、AWSが提供するリモートデスクトップサービスです。具体的には、AWS上に設置したWindowsやMac

第16章 AWSのその他のサービス

等のサーバーに対して、企業が配付したPCや従業員が所有するPC等、所定のPCからアクセスし、どこにいても同じデスクトップ画面上で仕事をすることが可能です。

2 WorkSpaces Web

Amazon WorkSpaces Web（以下、WorkSpaces Web）は、AWS上に設置されたサーバーのWebブラウザをインターネットにあるユーザーの端末にストリーミング配信するイメージのサービスです。

ユーザーはインターネットに接続された自分の端末のWebブラウザから、AWS上に設置されたサーバーにインストールされたWebブラウザに接続できます。Webブラウザからは社内システムにアクセスができます。

その際、このWebブラウザのストリーミングを自分の端末のWebブラウザで見ることになります。クリップボードへのコピーや印刷はできません。また、ユーザーの端末は社内ネットワークに接続されていないので、その端末の脆弱性が社内ネットワークに波及しません。このようなセキュリティ上のメリットがあります。

3 AppStream 2.0

Amazon AppStream 2.0は、アプリケーションをブラウザ経由で配信することができるサービスです。従業員や学生向けのアプリケーションをライセンス数を抑えて配信することが可能なほか、SaaSを販売するときの提供手段として利用することも可能です。

なお、AppStream 2.0では、アプリケーションをインストールしたイメージを作り、キャパシティ管理、スケーリングをユーザーが行う必要があります。AppStream 2.0でブラウザを利用する場合と比べると、WorkSpaces Webでは、これらの作業負荷から開放されます。

15 IoTのためのサービス概要

IoTはInternet of Thingsの略で、モノのインターネットと訳されます。IoT系サービスは数が多いですが、試験で問われる頻度は少ないため、最低限のサービス名と概要をイメージできれば十分です。

IoTとは、各種デバイス（家電製品、ロボット、工作機械…）に組み込まれたセンサーから取得したデータを、ネットワーク経由でサーバーに送信し、必要に応じてデータを分析し、デバイスを操作する技術を指します。この要件を実現するためには、大きく分けて次の2種類のアプリケーションが必要です。

①デバイスからの通信を受け付け、デバイスを制御・管理する**サーバーアプリケーション**
②デバイスをネットワークに接続するための**エッジアプリケーション**

■ IoTアプリケーションの全体像

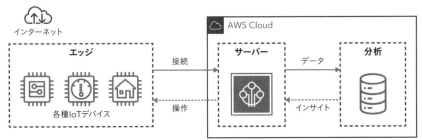

AWS IoTは、これらの機能を網羅的にカバーします。以下、AWSが提供する各種IoTソリューションについて、簡単に説明します。

● サーバーアプリケーション（AWS IoT Core）

AWS IoT Coreを利用することで、IoTデバイスをインターネット経由でAWSに接続することができます。

● エッジアプリケーション（AWS IoT Greengrass）

　AWS IoT Greengrassは、AWSをデバイスに拡張するソフトウェアです。IoTデバイス側でDockerコンテナやLambdaを実行し、デバイスで生成されたデータをIoTデバイスで処理することもクラウド側で処理することも可能です。また、Lambda関数をクラウド側で開発し、デバイスに展開することが可能です。

　次ページの図は、IoTを実現するために必要な機能をデザインパターンとして表現したものです。各機能の要件を判断したうえで、要件を実現するための適切なサービスを選択することが重要です。

■ IoTに必要な機能とAWSサービスの対応関係

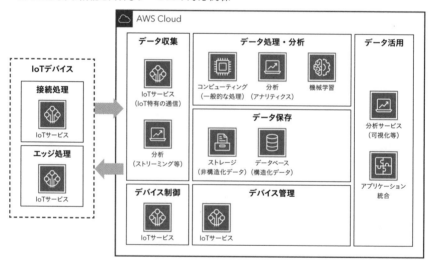

第**3**分野の **練習問題**

Q1 │ リージョン、アベイラビリティーゾーン、エッジロケーションの説明で正しいものはどれですか。

A リージョンは、火災や地震等の災害が発生しても、電力やネットワークの障害が発生したとしても影響が出ない、最小のデータセンターの境界である。

B エッジロケーションはすべてアベイラビリティーゾーンの中に存在する。

C 1つのサブネットは、複数のアベイラビリティーゾーンにまたがった設定をすることができる。

D リージョンに含まれないアベイラビリティーゾーンは存在しない。

Q2 │ **Shadow VPC に迅速にインスタンスが配置される負荷分散可能なコンピューティングサービスはどれですか。**

A AWS Elastic Beanstalk

B AWS Batch

C Amazon Lightsail

D AWS Outposts

Q3 │ **AWS のインフラストラクチャとサービスをオンプレミスで実行できるサービスはどれですか。**

A AWS Elastic Beanstalk

B AWS Batch

C Amazon Lightsail

D AWS Outposts

Q4 | Elastic IP の説明として適切なものはどれですか。

A EIP は、AWS リソースに対して固定されたグローバル IP アドレスを割り当てるためのサービスである。

B EIP は、AWS リソースに対して動的なグループ IP アドレスを割り当てるためのサービスである。

C EIP は、AWS リソースに対して固定されたプライベート IP アドレスを割り当てるためのサービスである。

D EIP は、AWS リソースに対して動的なプライベート IP アドレスを割り当てるためのサービスである。

Q5 | AWS Fargate について正しく説明しているのはどれですか。

A AWS Fargate は、コンテナをデプロイ・管理するためのフルマネージドサービスである。

B AWS Fargate は、EC2 インスタンスを使用してコンテナを実行する。

C AWS Fargate は、オンプレミス環境でのコンテナの実行をサポートしている。

D AWS Fargate は、コンテナイメージを作成するためのツールである。

Q6 | AWSのコンテナサービスについて正しいものはどれですか。

A ECR は VPC 内で実行されるプライベートな Docker レジストリのマネージドサービスであるが、ECR Public によりコンテナイメージをパブリックに公開できる。

B AWS が独自実装したオーケストレーションサービスのマネージドサービスである ECS のみが、Fargate をデータプレーンとして利用できる。

C ECS は、EC2 クラスター、Fargate クラスターにコンテナを配置して管理できるが、EKS はできない。

D オーケストレーションツールの Kubernetes をマネージドサービス化したものが、ECS である。

Q7 | EC2 Auto Scaling を使用すると、主にどの利点が得られますか。

A フェールオーバーと高可用性の実現

B ネットワークトラフィックの分散と負荷分散

C セキュリティグループによるトラフィックの制御

D データベースの自動バックアップと復元

Q8 | Aurora の特徴について正しいものはどれですか。

A AWS がクラウドに最適化した高スケーラビリティ・高可用性の RDB サービスである。トランザクション処理を必要とする一般的なデータベース利用シナリオで活用することができる。リードレプリカを最大 15 台作成可能で、最大 128TB まで自動的にスケールする。

B ペタバイト規模に拡張できるデータウェアハウスのマネージドサービスである。

C データベース等から一度読み込んだオブジェクトをメモリのキャッシュに保存することで、超高速で低レイテンシーの応答を実現する。

D マルチリージョン、マルチマスターの高速な Key-Value データベース（NoSQL データベースの一種）のマネージドサービスである。データは無制限に保存可能で、履歴ログや IoT、SNS 等の送信データ等、大量の連続したデータを蓄積する用途に適している。

Q9 | データの変更履歴が管理され、意図しない変更が発生していないことを検証することで、例えば金融取引の正確で完全な記録の保存、製造業での製品の製造履歴の追跡といったシナリオで活用できるサービスはどれですか。

A Timestream

B DocumentDB

C Neptune

D Quantum Ledger Database

Q10 | AWS Application Migration Service（MGN）を使用する際に、最初にどのような手順を実行する必要がありますか。

A クライアントアプリケーションをAWSクラウドにインストールする。

B データベースのスキーマを変換する。

C 移行タスクを作成し、移行を実行する。

D オンプレミス環境のサーバーを仮想マシンに変換する。

Q11 | Amazon DynamoDBは、どのような目的で使用されるAWSサービスですか。

A データウェアハウスの構築と分析を行うためのサービスである。

B ストリーミングデータの処理とリアルタイム分析を行うためのサービスである。

C メモリキャッシュを使用して高速な読み取りアクセスを提供するためのサービスである。

D 高可用性と拡張性を備えたマネージドNoSQLデータベースのデプロイと管理を行うためのサービスである。

Q12 | データベースをオンプレミスからAWSへ移行します。AWSが提供しているどのサービスを利用するのが適切ですか。

A AWS Database Migration Service

B VM Import/Export

C AWS Migration Hub

D AWS Application Discovery Service

Q13 | オンプレミス上に存在している100PBのデータをAWSへ転送する予定です。最短で移行を完了するために利用する方法は何ですか。

A AWS Storage Gatewayを利用

B AWS Snowmobileを利用

C インターネット回線を利用してS3へアップロードを実行

D AWS Direct Connectを利用

Q14 | AWS Database Migration Service を使用すると、どのような データベース移行シナリオを実現できますか。

A ファイルサーバーからオブジェクトストレージへのデータ移行

B オンプレミスデータベースからAWSマネージドデータベースへのデータ 移行

C プライベートなGitリポジトリからAWS CodeCommitへのデータ移行

D メッセージキューサービスからデータウェアハウスへのデータ移行

Q15 | Direct Connect の特徴として、正しいのはどれですか。

A 回線の物理的な接続作業と、専用線の専有が発生するため、VPNよりも高 コストで、利用可能になるまで一定の時間がかかる。

B AWSからオンプレミスに対して、インターネット経由で暗号化された接続 を確立し、安全に通信を行うことができる。

C 専用線接続のバックアップとして利用するケースが多い。

D 回線の物理的な接続作業と、専用線の専有が発生するも、VPNよりも低コ ストで、VPNとあまり変わらない期間で利用可能となる。

Q16 | セキュリティグループとネットワークACLの特徴として正しい のはどれですか。

A セキュリティグループはサブネット単位、ネットワークACLはインスタン ス単位で設定する。

B セキュリティグループはステートフル、ネットワークACLはステートレス である。

C セキュリティグループはブラックリスト型、ネットワークACLはホワイト 型である。

D セキュリティグループはデフォルト設定のままとし、ネットワークACLの みで制御するケースが多い。

Q17 | VPNのサービスについての記載として正しいのはどれですか。

A AWSからオンプレミスに対して、インターネット経由で暗号化された接続を確立し、安全に通信を行うことができる。

B データセンターとAWSの相互接続、専用線接続のバックアップとして利用したい場合はClient VPNを利用する。

C 小規模な開発チームやリモートの運用担当者がAWSへ安全に接続したい場合はSite-to-Site VPNを利用する。

D AWSクラウド上にプライベートな仮想ネットワークを構築できるサービスである。

Q18 | NAT Gatewayについて、適切な記述はどれですか。

A NAT Gatewayは、プライベートサブネット内のインスタンスにパブリックIPアドレスを割り当てるためのサービスである。

B NAT Gatewayは、パブリックサブネットからプライベートサブネットへのトラフィックを転送するためのサービスである。

C NAT Gatewayは、プライベートサブネットからインターネットへのアウトバウンドトラフィックをルーティングするためのサービスである。

D NAT Gatewayは、仮想マシンのスケーリングをサポートするためのサービスである。

Q19 | Amazon CloudFrontはどのような目的で使用されるAWSサービスですか。

A ロードバランシングおよび自動スケーリングを実現するためのサービスである。

B ネットワークトラフィックの監視および可視化を行うためのサービスである。

C 静的および動的なコンテンツの高速な配信を実現するためのサービスである。

D リレーショナルデータベースのスケーリングと高可用性を実現するためのサービスである。

Q20 | S3には複数のストレージクラスがあります。これらを分類するための軸として正しいものはどれですか（2つ選択）。

A 可用性

B 強い整合性

C 耐久性

D オブジェクトの取り出し料金の有無

Q21 | S3を利用する際の利用コストに影響を与えないものはどれですか。

A S3に保存されるデータ量

B S3からのオブジェクトの取り出し（S3へのリクエスト）

C S3へのオブジェクトのアップロード

D S3が存在するリージョン

Q22 | S3のストレージクラスの中で最も可用性が低いものはどれですか。

A Glacier

B Intelligent-Tiering

C 標準 − IA

D 1ゾーン − IA

Q23 | 機械学習モデルを構築、学習、デプロイを支援するための基盤を提供するサービスはどれですか。

A Augmented AI

B SageMaker

C Kendra

D Elastic Inference

Q24 | 静止画や動画から様々な物体や動作等を認識するサービスはどれですか。

A Transcribe

B Kendra

C Comprehend

D Rekognition

Q25 | デジタルマーケティングの担当者が、異なるチャネルのカスタマーに最適なタイミングでメッセージを送信したいと考えています。また、その効果も測定します。適切なサービスはどれですか。

A SMS

B SQS

C SES

D Pinpoint

Q26 | アプリケーションをブラウザ経由で配信することができるサービスはどれですか。

A Amazon WorkLink

B Amazon AppDelivery

C Amazon CloudFront

D Amazon AppStream 2.0

解 答 と 解 説

Q1 | 正解 D
A 誤り。これはアベイラビリティーゾーンの説明です。

B 誤り。エッジロケーションはアベイラビリティーゾーンとは別のデータセンターであり、その数はアベイラビリティーゾーンの数よりも多くなります。

C 誤り。1つのサブネットは、複数のアベイラビリティーゾーンにまたがった設定をすることができません。

D 正しい。すべてのアベイラビリティーゾーンはいずれかのリージョンに含まれます。

Q2 | 正解 C
Lightsailインスタンスが配置される環境は、ユーザーからは不可視なShadow VPCとして提供されます。

Q3 | 正解 D
Outpostsは、AWS のインフラストラクチャとサービスをオンプレミスで実行できるサービスです。

Q4 | 正解 A
A 正しい。EIPはAWSリソースに対して固定されたグローバルIPアドレスを割り当てるためのサービスです。VPC内のEC2インスタンスやNATゲートウェイ等に割り当てることができます。インスタンスを停止／再起動しても維持されます。

B～D 誤り。

Q5 | 正解 A
A 正しい。選択肢の通りです。

B 誤り。Fargateはサーバーレスであり、EC2インスタンスを使用せずにコンテナを実行できます。

C 誤り。FargateはAWSクラウド上でのコンテナの実行はサポートしていますが、

オンプレミス環境でのコンテナの実行はサポートしていません。

D 誤り。Fargate はコンテナイメージを作成するためのツールではありません。コンテナイメージは、Docker や ECR 等のツールを使用して作成します。

Q6 | 正解 A

A 正しい。

B 誤り。Fargate は ECS と EKS の両方がデータプレーンとして利用できます。

C 誤り。ECS も EKS も EC2 クラスター、Fargate クラスターにコンテナを配置して管理できます。

D 誤り。オーケストレーションツールの Kubernetes をマネージドサービス化したものは、EKS です。

Q7 | 正解 B

A 誤り。EC2 Auto Scaling は、需要の変動に応じてインスタンスを増減させるため、フェールオーバーや高可用性の実現にも寄与しますが、主な利点ではありません。

B 正しい。EC2 Auto Scaling は、アプリケーションの需要に応じて自動的に EC2 インスタンスの数を増減させる機能です。この機能を使用すると、ネットワークトラフィックを均等に分散し、負荷を分散させることができます。これにより、アプリケーションの可用性が向上し、スケーラビリティが確保されます。

C 誤り。セキュリティグループは、インスタンスの入出力トラフィックを制御するための機能ですが、EC2 Auto Scaling と直接関係はありません。

D 誤り。EC2 Auto Scaling は、インスタンスの増減を行いますが、データベースの自動バックアップや復元には直接関与しません。

Q8 | 正解 A

A 正しい。

B 誤り。Redshift の説明です。

C 誤り。ElastiCache の説明です。

D 誤り。DynamoDB の説明です。

Q9 | 正解 D

A 誤り。Timestream は高速でスケーラブルな時系列データベースサービスです。毎日時系列で発生する大規模なイベントを保存／分析するシステムでの利用に適しています。

B 誤り。DocumentDB はシステム間の連携で JSON の構造のまま渡されたデータをそのまま格納することができます。EC サイトのユーザープロファイル等の格納に向いています。

C 誤り。Neptune は SNS ユーザーの友達の関係性（リレーションシップ）の保存、レコメンデーションエンジン、不正検出等のユースケースにおいて有効です。

D 正しい。

Q10 | 正解 C

MGN を使用するためには、まず移行タスクを作成する必要があります。移行タスクでは、移行元のアプリケーションソースの指定や移行先の設定、移行オプションの選択などを行います。移行タスクが作成されると、MGN は指定された設定に基づいてアプリケーションの移行を実行します。移行タスクの作成後は、移行の進捗状況やエラーメッセージなどを監視することができます。

Q11 | 正解 D

A 誤り。データウェアハウスの構築と分析を行うためのサービスは、Amazon Redshift によって提供されます。

B 誤り。ストリーミングデータの処理とリアルタイム分析を行うためのサービスは、Amazon Kinesis です。

C 誤り。メモリキャッシュを使用して高速な読み取りアクセスを提供するサービスは、Amazon ElastiCache です。

D 正しい。Amazon DynamoDB は、高可用性と拡張性を備えたマネージド NoSQL データベースのデプロイと管理を行うためのサービスです。DynamoDB は、データの自動スケーリング、データの冗長性と耐久性、低遅延の読み書きアクセス等の機能を提供します。また、DynamoDB はサーバーレスアーキテクチャにも対応しており、容易にスケーリングできるため、アプリケーションの需要に応じて柔軟にデータベースリソースを拡張できます。

Q12 | 正解 A

A 正しい。データベースの移行はAWS Database Migration Serviceを利用します。

B 誤り。VM Import/Exportは、仮想マシンを移行するサービスです。

C 誤り。AWS Migration Hubは、移行ツールによるアプリケーションの移行状況を一元的に可視化することが可能なサービスです。

D 誤り。AWS Application Discovery Serviceはオンプレミス上で実行されているサーバーの設定データ、使用状況データ、動作データ等を自動的に検出し可視化するサービスです。

Q13 | 正解 B

100PBクラスのデータを最短の時間で移行する場合は、一般的にはAWS Snowmobileを使用します。

Q14 | 正解 B

A 誤り。ファイルサーバーからオブジェクトストレージへのデータ移行には、AWS DataSyncやAWS Storage Gateway等のサービスが利用されますが、AWS DMSはそれには直接関与しません。

B 正しい。AWS DMSは、オンプレミスデータベースやクラウドベースのデータベースとAWSのマネージドデータベースサービス（例：Amazon RDS、Amazon Aurora）との間でデータ移行を行うためのサービスです。オンプレミス環境に存在するデータベースをAWS上のマネージドデータベースに移行する際に、AWS DMSを使用することでスムーズなデータ移行を実現できます。

C 誤り。プライベートなGitリポジトリからAWS CodeCommitへのデータ移行は可能ですが、AWS DMSはそれには使用されません。

D 誤り。メッセージキューサービスからデータウェアハウスへのデータ移行には、AWS GlueやAWS Data Pipeline等のサービスが利用されますが、AWS DMSはそれには直接関与しません。

Q15 | 正解 A

A 正しい。

B 誤り。これはAWS VPNの説明です。

C 誤り。これはAWS VPNの説明です。また、Direct Connect自体が専用線のサー

ビスです。

D 誤り。VPNよりも高コストで、VPNよりも長い期間で利用可能になります。

Q16 │ **正解 B**

A、C、D 誤り。セキュリティグループとネットワークACLの説明が逆です。

B 正しい。

Q17 │ **正解 A**

A 正しい。

B 誤り。Site-to-Site VPNの説明です。

C 誤り。Client VPNの説明です。

D 誤り。VPCの説明です。

Q18 │ **正解 C**

A 誤り。NAT Gatewayはプライベートサブネット内のインスタンスにパブリック IPアドレスを割り当てるためのサービスではありません。その役割はElastic IP アドレスと関連しています。

B 誤り。NAT Gatewayは、プライベートサブネットからインターネットへのアウ トバウンドトラフィックを転送するためのサービスであり、パブリックサブネッ トからプライベートサブネットへのトラフィックは直接的に関与しません。

C 正しい。NAT Gatewayは、プライベートサブネット内のインスタンスがインター ネットへのアウトバウンドトラフィックをルーティングする際に使用されます。 NAT Gatewayを介してプライベートサブネットのインスタンスは、インターネッ トとの通信を行うことができます。

D 誤り。NAT Gatewayは、仮想マシンのスケーリングをサポートするためのサー ビスではありません。仮想マシンのスケーリングには、Auto ScalingやElastic Load Balancing等のほかのサービスが使用されます。

Q19 │ **正解 C**

A 誤り。ロードバランシングおよび自動スケーリングは、Elastic Load Balancing、 Auto Scalingで提供されます。

B 誤り。ネットワークトラフィックの監視および可視化は、CloudWatch、VPC

Traffic Mirroring 等を使用して実現されます。

C 正しい。Amazon CloudFront は、静的および動的なコンテンツの高速な配信を実現するためのコンテンツ・デリバリ・ネットワーク（CDN）サービスです。CloudFront は、エッジロケーションにコンテンツをキャッシュし、ユーザーに近い場所からコンテンツを配信することで、パフォーマンスの向上とロード時間の短縮を実現します。

D 誤り。リレーショナルデータベースのスケーリングと高可用性は、Amazon RDS、Amazon Aurora によって提供されます。

Q20 ｜ 正解 A、D

A 正しい。可用性はストレージクラスによって異なります。

B 誤り。強い整合性はすべてのストレージクラスが持ちます。

C 誤り。すべてのストレージクラスで 99.999999999 の耐久性を持ちます。

D 正しい。オブジェクトの取り出し料金の有無はストレージクラスによって異なります。

Q21 ｜ 正解 C

A 誤り。データ量が増加すると利用コストも上がります。

B 誤り。標準と Intelligent-Tiering は取り出しにコストはかかりませんが、標準 - IA、1 ゾーン - IA、Glacier からのオブジェクトの取り出しにコストがかかります。

C 正しい。S3 へのオブジェクトのアップロードに利用コストはかかりません。

D 誤り。AWS のサービスはリージョンによって異なる料金が設定されています。

Q22 ｜ 正解 D

テキストの解説「S3 ストレージクラス比較表」の可用性設計（159 ページ）を参照してください。

Q23 ｜ 正解 B

A 誤り。Augmented AI は、機械学習モデルを使って、予測した結果が問題ないかを人の手で確認するフローを支援するサービスです。

B 正しい。

C 誤り。Kendra は、機械学習を利用した検索サービス。「Amazon の CEO は誰ですか?」といった自然言語での検索が可能です。

D 誤り。Elastic Inference は、EC2、SageMaker、ECS に追加の GPU 搭載のハードウェアをアタッチするサービスです。このサービスを利用することによってインスタンスサイズを上げる等の対応をすることなく、一時的に GPU を増設して機械学習を効率化することが可能です。

Q24 ｜ 正解 D

A 誤り。Transcribe は音声をテキストに変換する自動音声認識サービスです。

B 誤り。Kendra は機械学習を利用した検索サービスです。自然言語での検索が可能です。

C 誤り。Comprehend は機械学習を利用したテキスト分析サービスです。例えば、文章が肯定的なのか否定的なのかを判断することができます。

D 正しい。

Q25 ｜ 正解 D

A 誤り。SMS は、一般的な用語ではショートメッセージサービスを指します。

B 誤り。SQS はキューイングサービスです。

C 誤り。SES は E メールを送信できますが、ほかのチャネルには送信できません。

D 正しい。

Q26 ｜ 正解 D

A 誤り。Amazon WorkLink は従業員のスマートフォンを社内ネットワークへセキュアに簡単に接続することができるようになります。

B 誤り。Amazon AppDelivery というサービスはありません。

C 誤り。Amazon CloudFront はユーザーのコンテンツを高速に配信するサービスです。

D 正しい。

第 **17** 章

AWSの料金モデル

重要度 A

この章では、AWSの課金モデルと、関連するサービス、コストの最適化方法について解説します。

試験対策として、具体的な金額を覚えることは不要ですが、AWSの料金モデルと、これに関連するサービスの役割と内容、具体的なユースケースを確実に把握しましょう。

1 料金モデルと課金単位

　AWSの料金モデルは、従量課金を基本としています。つまり、リソースを使った分だけ（サービスのキャパシティを予約した分だけ）課金が発生します。必要最低限のリソースでプロジェクトを立ち上げ、使わないリソースは削除することがコスト最適化の鉄則です。

　AWSの課金単位は、原則として**AWSアカウント**単位ですが、例外的にConsolidated Billing（一括請求）というオプションを使用することで、**AWS Organizationsで管理している複数のAWSアカウントの請求を一元化することが可能**です。

■ 請求と料金の大分類と利用目的

拠点	目的	用語
課金単位	AWSの課金を単位で計算する	従量課金、アカウント単位
	複数AWSアカウントの課金を組織で合算する	Consolidated Billing（一括請求）
料金見積り	AWSの使用量を、事前に予測する	Pricing Calculator、SMC
料金確認	AWSの使用量の全体像を把握する	Billing and Cost Management Console
	AWSの使用量を詳細に把握し、通知する	AWS Cost Explorer、コスト配分タグ、AWS Budgets
運用・コスト最適化	AWSからの助言を元に、料金・運用を最適化する	Trusted Advisor
	AWSや第三者に運用をアウトソーシングし、コストを最適化する	AWS IQ、AWS Managed Services
	AWSの一定期間分の使用をコミットし、割引を受ける	RI、Savings Plans
	AWSの余剰リソースを格安で購入する	スポットインスタンス

2 インスタンスの購入オプション

AWSには、インスタンスを割引購入する方法として、リザーブドインスタンス（RI）とスポットインスタンスの2つのオプションがあります。

■ リザーブドインスタンス

リザーブドインスタンス（以下、RI）は**インスタンスの継続利用を予約することで、一定の割引を受けることができる**購入オプションです。利用可能なサービスはEC2、RDS、OpenSearch Serviceですが、Redshift、MemoryDB、DynamoDBにも類似する予約サービス（リザーブドノード等）が提供されています。

以下、特に断りのない場合はEC2のRIを例として仕様を解説します。スタンダードRIでは、同一種類のインスタンスを一定期間利用し続けることを確約して割引を受けますが、このほかに、柔軟なインスタンスの購入オプションが存在します。

具体的には、割引対象のインスタンスを別のインスタンスへ交換（変更）できる**コンバーティブルRI**、使用する期間を時間や日数単位で指定することができる**スケジュールされたRI**が存在します。

| ワンポイント |

割引を適用したいインスタンス種類の変更が見込まれる場合はコンバーティブルRIを、バッチ処理やキャンペーン等の使用期間が決まっているシステムに利用する場合は、スケジュールされたRIを選択すると良いです。

■ スポットインスタンス

スポットインスタンスは、AWS全体で余っているインスタンスを、最大で90%で割引購入できるオプションです。AWSは、日々のインスタンス利用率に基づいてスポットインスタンスのスポット料金（提供価格）を設定します。

ユーザーは、スポットインスタンスに払うことのできる上限価格を指定します。ユーザーの指定した上限価格がAWSの指定したスポット料金を上回る期間、インスタンスを利用することが可能です。AWSの需要がひっ迫し、スポット料金が上限価格よりも高くなった場合、インスタンスは自動的に停止します。また、余剰分のインスタンスを使用しているため、一定時間前の停止予告後にAWS側の都合でインスタンスを停止することもあります。

スポットインスタンスは、非常に大きな割引を受けることができる仕組みですが、上限価格がスポット料金を下回るとインスタンスが停止するリスクを負うため、**実際の運用でスポットインスタンスを利用するためには、複数のインスタンスを組み合わせてクラスター化し、耐障害性を高める工夫が必須です。**典型的なユースケースでは、**Auto Scaling**グループ、**Amazon ECS**等のコンテナ系サービス、**Amazon EMR**等の分散処理サービスを利用する際に、一時的なピーク時に対応するためにスポットインスタンスの検討が推奨されます。なお、スポットインスタンスは、AWSによる強制停止以外に、任意のタイミングでユーザーが停止することも可能です。

■ スポットインスタンスの仕組み

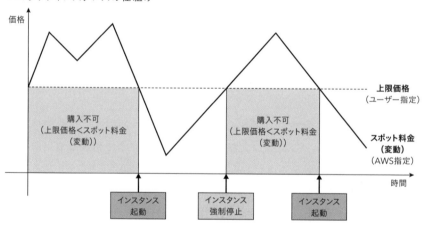

RI、スポットインスタンスと同様に、**Savings Plans**を利用することで、一定期間、一定量のコンピューティングリソースの利用料金を確約することで、複数サービス（EC2、Lambda、Fargate等）の料金を最適化することが可能になりました。Savings PlansはRIと同様の割引を提供しますが、RIでは詳細な

インスタンスの属性と台数、利用期間が割引のためのコミットに必要です（利用料金ではありません）。一方で、Savings Planでは、EC2などのリソースの種類に対して利用料金をコミットするという違いがあります。RIと比べると、インスタンスの属性に対する条件の指定は緩いため、RIのように条件から外れると割引の権利が適用されずに、RIが無駄になるケースは少ないです。ただし、RIのようにキャパシティを予約するわけではないため、割引額が残っていてもインスタンス起動に失敗する可能性がある点に注意が必要です。EC2向けでインスタンスファミリーを固定する**EC2 Instance Savings Plans**と、途中でインスタンスファミリーの変更も可能で幅広いサービスに対応した**Compute Savings Plans**があります。

3 Organizationsを活用したコスト管理・割引の共有

　AWSでは、組織として複数のアカウントを所有する際に、目的に応じてアカウントを分離させることを推奨しています。組織が複数のアカウント管理を最適化するためのサービスとして、**AWS Organizations**が利用されています。

　Organizationsでは、Organizational Unit（OU）と呼ばれるグループの単位にAWSアカウントを所属させて、管理します。**サービスコントロールポリシー（SCP）**を利用することで、OUに所属するAWSアカウントのアクセス権限の許可リストを設定でき、AWSアカウントやIAMのリソースへの権限の上限を設定することができます。また、Organizationsで管理対象となっているAWSアカウントには、**管理アカウント**と**メンバーアカウント**の2種類のアカウントが存在します。

　前者の**管理アカウント**は、Organizationsの組織や設定を管理する役割を担ったAWSアカウントです。一方で、後者の**メンバーアカウント**は、Organizationsで管理対象になっているAWSアカウントを指します。**管理アカウント**にはOrganizationsで最初に組織作成を実施したアカウントが選ばれ、管理アカウントのみがOrganizationsの設定変更や操作を行うことができます。管理アカウントに対してはAWSリソースを作成せず、必要に応じて適

宜メンバーアカウントを作成して利用するのが一般的です。

■ AWS Organizationsの全体像

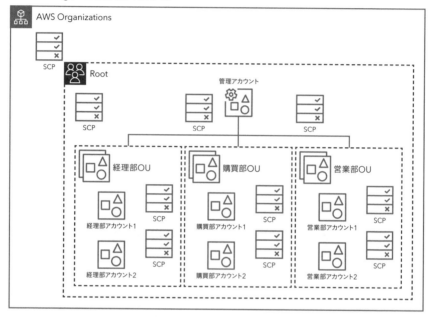

　Organizationsには、**一括請求**と呼ばれる機能があり、Organizationsで管理されているすべての管理アカウントとメンバーアカウントの請求を管理アカウントに集約することができます。一括請求を活用することで、コスト管理が大幅に単純化できるだけでなく、Organizations内で割引の共有を受けることができます。割引の共有には、**リザーブドインスタンスの共有**と**ボリュームディスカウントの共有**の2種類が存在します。

　まず、前者の**リザーブドインスタンスの共有**について説明します。Organizationsで管理するAWSアカウントが保有しているリソース（EC2やRDS等）のうち、活用されていないリザーブドインスタンスがある場合は、ほかのメンバーアカウントが保有するリソースの条件（リザーブドインスタンスの種類等）に合えば、自動的にリザーブドインスタンスを適用してくれます。また、リザーブドインスタンスだけでなく、Savings Plansも同様に共有が可能です。

・リザーブドインスタンスの種類（Standard RI、Convertible RI）

・リザーブドインスタンスのプラットフォーム（EC2、RDS、ElastiCache、Redshift 等）
・リザーブドインスタンスのサイズ（インスタンスタイプ、データベースインスタンスクラス等）
・リザーブドインスタンスのリージョン
・リザーブドインスタンスの数

　次に、後者のボリュームディスカウントの共有について説明します。Organizationsで管理されているすべてのAWSアカウントの利用量をもとに、Organizationsの一括請求の料金が算出されます。S3等のボリュームディスカウントが設定されるサービスを活用している場合、Organizationsで管理されているすべてのAWSアカウントのデータ量がボリュームディスカウントの対象となるため、効率的に割引を受けることができます。

4 様々なサービスの料金モデル

　VPCの料金モデルについて説明していきます。VPCは、**オンプレミスからのインバウンド通信、VPCからのアウトバウンド通信**において、データ転送量に応じた従量課金が発生します。さらに、**リージョンをまたぐ通信やNATゲートウェイ、TransitGatewayを利用するとさらにコストがかかる**ため、注意が必要です（VPC、サブネット、インターネットゲートウェイ等の構築は無料です）。

● S3の料金モデル
　S3は、**ストレージとデータアクセス**に対して、課金される料金モデルとなっています。まず、前者のストレージに対する課金では、バケットに保存したデータ量に応じて従量課金される仕組みになっています。次に、後者のデータアクセスに対する課金では、S3からインターネットへ転送されたデータ量に応じた従量課金と、S3へのGET／PUT／POST／LIST／COPY等のリクエス

ト回数に応じて従量課金される仕組みとなっています。

● EBSの料金モデル

EBSは、ボリュームとスナップショットに対して、課金される料金モデル
となっています。まず、前者のボリュームに対する課金では、作成したEBS
の種類とボリュームのサイズに応じて従量課金されます。次に、スナップ
ショットに対する課金では、保存されたスナップショットのサイズに応じて従
量課金されます。

● RDSの料金モデル

RDSのDBインスタンスに対するコストは、EC2インスタンスと同様にオン
デマンドインスタンスかリザーブドインスタンスかを選択でき、インスタンス
タイプに応じた料金モデルが設定されます。さらに、DBに保存されるデータ
量に応じたストレージ料金、DBへのトランザクションで発生するデータ転送
量に応じた従量課金、S3に保存するログやスナップショットのデータサイズ
に応じた従量課金等、様々な課金対象が存在します。

● DynamoDBの料金モデル

DynamoDBには、オンデマンドキャパシティモードとプロビジョンドキャ
パシティモードの2種類の料金モデルが存在します。まず、前者のオンデマン
ドキャパシティモードは、DBへのリクエスト数に応じて従量課金されます。
次に、後者のプロビジョンドキャパシティモードは、キャパシティユニットの
設定値に応じて時間単位で従量課金されます。選択したモードの料金に加え、
DBへのデータの書き込みと読み込みや保存されたデータ量に応じて料金が発
生します。

● Lambdaの料金モデル

Lambdaは、関数の実行時間とデータ転送量に応じて従量課金されます。関
数の実行時間については、リクエスト数とメモリサイズに応じて、ミリ秒単位
で実行時間が計算されます。データ転送量については、インバウンド通信は無
料ですが、アウトバウンド通信に対しては、データ転送量に応じて従量課金と
なります。

5 その他のマネジメント・ガバナンスサービス

　AWS Control Tower（以下、Control Tower）は、組織で複数アカウントを管理する際に、セキュリティとコンプライアンスを強化するためのサービスです。Control Towerは、AWSで推奨されている様々なルール（アクセス制御、ネットワーク設定、ログ管理、コンプライアンスの監視等）を自動化し、セキュリティ上のリスクを最小限に抑えることができます。さらに、ルールに違反した操作を予防・検出することもできるので、セキュリティとコンプライアンスの面での運用負荷を軽減することができます。

　AWS Launch Wizard（以下、Launch Wizard）は、Microsoft SQL ServerやSAP等の特定のアプリケーションの設計、プロビジョニング、構成を自動化するためのツールで、デプロイを簡素化することができます。Launch Wizardは、AWSのベストプラクティスに準拠した設計を提供し、アプリケーションの要件に応じたAWSリソースを適切に構成することができるため、迅速なデプロイが可能になり、運用上の負荷を軽減することができます。

　AWS License Manager（以下、License Manager）は、ソフトウェアライセンスの使用状況を検出、管理するサービスです。License Managerは、AWS上で実行されているソフトウェアのライセンスの有効性を確認し、ライセンスの最適な利用方法を提供することができます。また、AWS Marketplaceから購入されたソフトウェアのライセンスも管理することができます。License Managerを活用することで、ライセンスコンプライアンスの維持や、ライセンスの無駄な購入を予防することができます。

　AWS Resource Groups（以下、Resource Groups）は、AWSのリソースをグループ化し、多数のAWSリソースでの管理、自動化を実現します。Resource Groupsを使用することで、タグ、リージョン、サービス、リソースタイプに基づいて、AWSリソースをグループ化し、集中管理することができます。また、タグエディタを使用することで、複数のAWSリソースでのタグの追加、編集、削除が可能になり、タグの管理がしやすくなります。

MEMO

第 **18** 章

AWSの請求、予算、コスト管理に関するリソース

重要度 C

　AWSでは、AWS Budgets、Cost Explorer等のサービスを用いて、コストの見積もり、予算の計測を行います。

　この章では、コスト管理・最適化、予算、請求で使用するサービスについて解説します。

1 コストの見積もりと計測

　**無駄のない見積もりを行う確実な方法は、実際にサービスを検証し、必要な
キャパシティを計算すること**です。しかし、机上での見積もりが必要な場合も
あります。AWSでは、**AWS Pricing Calculator**に利用するサービスとその稼
働時間やスペックを入力して、コストの見積もりを行うことが可能です。

　AWSの使用料金を確認するためには、**Billing and Cost Management
Console**（請求情報とコスト管理ダッシュボード）にアクセスします。

　さらに、**AWS Cost Explorer**（以下、Cost Explorer）にアクセスすること
で、サービス単位、時期単位、ユーザー単位等、より詳細なコストの傾向を把
握することが可能です。また、**Cost Explorerでは機械学習アルゴリズムを用
いた使用量ベースの予測も可能**です。部署単位、プロジェクト単位等、独自の
単位でコストを把握したい場合、課金対象のリソースに**コスト配分タグ**を付与
することで、タグごとの課金状況を正確に把握できます。

　また、**AWS Budgets**（以下、Budgets）を利用することで、料金が予算を超
えた場合にアラートを出すことも可能です。**クラウドのメリットを活かして、
コストを緻密に把握しつつ、開発のスピードを止めないよう柔軟に管理するこ
とが重要**です。Cost Explorerで使用量の予測を行い、これをもとにBudgets
を使用して予算を組むこともできます。

■ 見積もりと請求のためのサービス

利用タイミング	サービス	ユースケース
利用開始前	Pricing Calculator	AWSサービスの利用開始前にキャパシティ見積もりをもとに必要な予算を見積もる
利用開始後	Billing and Cost Management Console（請求情報とコスト管理ダッシュボード）	アカウント単位で使用状況や請求の概要を把握する
	Cost Explorer	請求の内容を、サービスや期間単位で詳細に把握する

利用タイミング	サービス	ユースケース
利用開始後	コスト配分タグ	ユーザー定義のタグを使用して、部署やプロジェクト単位での利用金額を把握する
	Budgets	事前に指定した予算以上の課金が発生する前に通知し、過剰な請求を防止する

2 コストと運用を最適化するためのサービス

AWS Trusted Advisorのコンソールにアクセスすることで、実際の使用状況に基づいて、コスト最適化のアドバイスを受けることが可能です。Trusted Advisorに表示される情報をもとに独力で運用を最適化することも可能ですが、第三者による助言を仰ぐことも可能です。例えば、AWSが認定するサードパーティーベンダーを紹介するAWS IQや、インフラ運用作業をAWSにアウトソージングできるAWS Managed Servicesを利用して運用を最適化できます。

■ AWS Trusted Advisorの評価項目

Trusted Advisor による評価の観点		目的	主な対処法
コスト最適化		・費用を最適化するためのアドバイスを提供する	・利用率の低いリソースを停止する ・有効な割引プランを購入する
パフォーマンス		・パフォーマンス上の問題を解決するためのアドバイスを提供する	・リソースをスケールアップする ・性能を最適化するための各種オプション(ストレージ、ネットワーク等)を有効化する
セキュリティ		・セキュリティ上のリスクを低減するためのアドバイスを提供する	・IAMのセキュリティを高める ・リソースを適切に暗号化する ・リソースの公開範囲を見直す
フォールトトレランス		・システムの可用性を高めるためのアドバイスを提供する	・リソースのバックアップを有効化する ・サービスを冗長化する
サービスの制限		・サービスの使用数量が制限に到達し、AWS利用に支障が出ることを避ける	・不必要なリソースを削除し、制限到達を回避する ・制限の緩和を申請する

その他のコスト分析サービス

　AWS Billing Conductor（以下、Billing Conductor）は、AWS Organizations管理下のアカウントの請求書の見え方をカスタマイズできるサービスです。Billing Conductorを活用することで、AWSリソースの使用状況や請求状況を収集し、コスト削減可能な機会を発見したり、請求データを詳細に分析したりすることができます。

　AWS Cost and Usage Reports（以下、Cost and Usage Reports）は、AWSで使用されている各種サービスの利用料金や使用状況に関するレポートです。Cost and Usage Reportsを活用することで、コストを時間単位、日単位、月単位、製品・リソース別、ユーザー定義のタグ別に分類してレポートを作成することができます。また、Cost and Usage Reportsは、S3バケットにデータを書き込むことができるため、外部のコスト分析ツール等を用いてデータを分析することも可能です。

　Billing ConductorとCost and Usage Reportsは、どちらもAWSの請求データを分析し、コスト削減の機会を特定するためのツールとして使用することができます。ただし、Billing Conductorはより高度なカスタマイズ性を重視したサービスとして、Cost and Usage Reportsはより柔軟なデータ分析のためのツールとして使用されます。

第 **19** 章

AWSの技術リソースと AWSサポートの オプション

重要度 B

　AWSでは、ユーザーの要件に応じたサポートプランやユーザー の開発を支援するサポートツールが提供されています。この章で は、AWSサポート、その他のサポートツールについて解説します。

1 AWSサポート

　AWSサポートは、AWSのエンジニアが24時間365日（サポートプランによって異なります）の日本語サポートを提供するサービスです。**ベーシック、開発者、ビジネス、エンタープライズの4種類のプラン**があります。いずれもAWSの全サービスがサポート対象となり、作成可能なサポートケース数は無制限です。

　ベーシックはAWSの全ユーザーが対象になる無料のプランです。ほかの3つのプランは有料です。ベーシックは有料プランと比べて利用できるサービスに制限があり、利用できるサービスは、フォーラム（掲示板）、請求やAWSアカウントに関する相談、製品FAQ、サービスダッシュボード、AWSサービスの上限緩和申請といった基本的なものになります。AWSサービスの使用には様々な制限が設けられています。例えば、AWSアカウントごとのVPCの数やIAMユーザーの数等です。**これらの制限値を緩和させ、それ以上の数を利用する場合には、AWSサポートに上限緩和申請を行います。**

　開発者では、ベストプラクティスと一般的なアーキテクチャの助言といったガイダンスを提供します。

　問い合わせを行う組織に特有のユースケースや要件を考慮したアドバイスが必要となる場合は、ビジネスかエンタープライズが必要となります。実際には、実運用や重要な用途での利用は、原則2つのプランのうちいずれかを利用します。ビジネスとエンタープライズでは、**Trusted Advisor**が提供されます。

　特にエンタープライズでは、AWSの**TAM**によるサポートが提供されることが特徴です。TAMとはTechnical Account Managerのことであり、顧客のクラウドの運用をサポートする役割を担います。

　ビジネスとエンタープライズで利用できる比較的新しいサービスとして、**インフラストラクチャイベント管理（IEM）とサポートAPI**が提供されています。IEMは、組織にとって重要なイベントをサポートする短期間のサービスです。特定のイベントにおけるアーキテクチャやスケーリングに関するガイダンスを提供します。**IEMはエンタープライズの料金に含まれている一方、ビジネス**

では有償のオプション（追加購入）で利用可能となります。サポートAPIは、API経由によるサポートケースの作成や、問い合わせをしたサポート情報を取得できます。また、Trusted Advisorへの操作を実行できます。

　エンタープライズサポートは月額が相対的にほかのプランに比べて高額であり、多数のワークロードをAWS上で利用する大企業での利用がメインといえます。

■ AWSサポートの種類

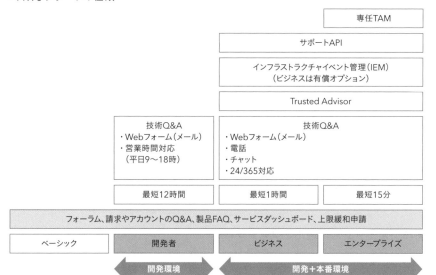

2　AWSプロフェッショナルサービス

　AWSプロフェッショナルサービスは、AWSが提供する高度なコンサルティングおよび技術サービスで、ユーザーの要件に基づいてAWSソリューションを設計、構築、展開するための専門知識と経験を持つAWS認定の専門家チームから構成されています。これらの専門家は、企業のビジネス目標や技術的なニーズを理解し、最適なクラウド戦略を策定するためにユーザーをサ

ポートします。

　主な支援内容には次のものがあります。

● **アーキテクチャ設計とプランニング**

　ユーザー要件に基づいて、AWSクラウドのアーキテクチャを設計し、セキュリティ、可用性、スケーラビリティ、パフォーマンス等の要素が考慮された最適なソリューションを提供します。

● **インフラストラクチャのデプロイと移行**

　AWSクラウドにインフラストラクチャをデプロイするための最良の手法やツールを提供します。既存のオンプレミス環境やほかのクラウド環境からAWSへの移行もサポートします。

● **セキュリティとコンプライアンスの確保**

　セキュリティとコンプライアンスに関するベストプラクティスを提供し、AWSクラウド環境を適切に保護します。セキュリティ評価や脆弱性管理、アクセス制御等のセキュリティ対策も含まれます。

● **パフォーマンス最適化とコスト効率化**

　アプリケーションやワークロードのパフォーマンスを最適化し、コスト最適化のためのガイダンスと支援を提供します。

3 その他のサポートツール

■ コスト配分タグ

　AWSの**コスト配分タグ**は、AWSアカウント内のリソースやコストに関する情報を組織内で追跡するためのサービスです。コスト配分タグは、キーペアと値の組み合わせで定義されます。キーはタグのカテゴリや名前を表し、値はそのカテゴリに関連する具体的な値を表します。例えば、「プロジェクト」と

いうキーに対して、「X社のWebアプリ」という値を割り当てることができます。また、コスト配分タグは、Cost Explorerを活用して、より効率的なコスト分析を行うことも可能です。Cost Explorerを使用すると、タグをベースにしたコストの分析が可能になります。タグごとにフィルタリングやグルーピングを行い、特定のプロジェクト、チーム、部門等のコストを可視化することができ、時間の範囲を指定してコストの変動や傾向を追跡することもできます。

■ サービスクォータ

　サービスクォータは、AWSアカウント内で利用可能な各種サービスのリソース制限や制約を管理するためのサービスです。AWSリソースの使用量、API操作の回数、帯域幅等様々なメトリックに基づいて設定されます。

■ サービスクォータの画面

■ AWS Marketplace

　AWS Marketplaceは、AWS公式のデジタルアプリケーションストアであり、AWSに認定されたサードパーティーベンダーが自社製品を販売でき、ユーザーが様々なソリューションを見つけることができるプラットフォームとして機能しています。販売されている製品として、EC2のAMIやSaaSアプリケーション等、様々なものが売買されています。AWS Marketplaceによって、製品ベンダーはAWS利用者にも製品を販売でき、ユーザー側は製品の初期設定や導入の手間をかける必要がなくなります。

■ AWS Marketplaceのイメージ

■ AWS Health Dashboard

　AWS Health Dashboardは、AWSのサービス状態やメンテナンス等のユーザー側に影響のあるイベント等の重要な情報を通知してくれるサービスです。利用することで、アカウントの健全性や運用に関連する問題を監視し、迅速かつ正確な対応が行えます。

■ AWS Health Dashboardのイメージ

■ 使用状況レポート

　使用状況レポートは、AWSアカウントの使用状況やコストに関する詳細な情報を提供するレポートです。AWSのリソースの使用量、コスト、サービス

の利用パターン等を把握し、効果的なリソース管理や予算管理を行うことができます。具体的には、リザーブドインスタンスが適応されているEC2インスタンスの使用状況等、サービスごとの使用状況を細かく確認することができます。

■ 請求アラーム

　請求アラームは、AWSアカウントのコストや請求に関する情報を監視し、特定の条件が満たされた場合に通知するサービスです。請求アラームを利用することで、予算超過や意図しないコスト増加等の問題を早期に検知し、適切な対応を行うことができます。また、請求アラームを設定するアカウントがOrganizationsの管理アカウントであれば、アカウントごとにアラームを設定することも可能です。必要に応じて、請求アラームをいくつか設定しておくことで、コスト状況を段階的に通知することもできます。

■ 請求アラームのイメージ

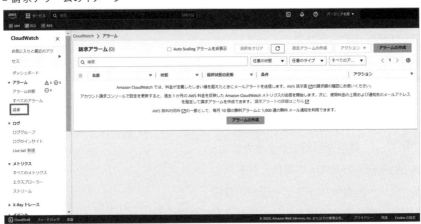

第 **4** 分野 の 練 習 問 題

Q1 | 実際の使用状況に基づいて、コストを抑えるためのアドバイスを得ることのできるサービスはどれですか。

A AWS Cost Explorer

B AWS Trusted Advisor

C AWS Budgets

D AWS Pricing Calculator

Q2 | リザーブドインスタンスのうち、使用する期間を時間や日数単位で指定することができるものはどれですか。

A スタンダードRI

B コンバーティブルRI

C スケジュールされたRI

D スポットインスタンス

Q3 | AWS Organizationsを使用してコスト分析を行う際、どのような機能が利用できますか。

A 組織全体のコストの集計と可視化

B リソースのセキュリティ設定の管理

C オンプレミス環境とのハイブリッド接続の設定

D インフラストラクチャの自動スケーリングの設定

Q4 | AWS Organizationsにおけるサービスコントロールポリシー（SCP）は、どのような役割を果たしますか。

A 組織内のアカウント間のリソース共有を制御する。

B アカウントのセキュリティグループを管理する。

C AWSサービスへのアクセス権限を制限する。

D アカウントの請求情報を監視する。

Q5 AWS Budgets に関する説明として正しいものはどれですか。

A AWS Budgets は、特定のリージョンでのリソースのパフォーマンスを監視し、最適化するためのツールである。

B AWS Budgets は、AWS サービスの利用量と関連するコストを追跡し、あらかじめ設定した予算に対してアラートや通知を生成する仕組みである。

C AWS Budgets は、データのバックアップと復元を管理するためのツールである。

D AWS Budgets は、クラウドリソースの可用性と信頼性を向上させるための監視ツールである。

Q6 AWS Cost Explorer を使用することで、どのようなコスト分析が可能ですか。

A 特定の月の AWS の利用コストを把握することができる。

B データベースのパフォーマンスメトリクスを監視することができる。

C セキュリティイベントのログを分析することができる。

D アプリケーションの可用性を監視することができる。

Q7 AWS Trusted Advisor は何を提供するサービスですか。

A AWS アカウントへのセキュリティ上の脆弱性をチェックし、アドバイスを提供する。

B AWS 上のアプリケーションのパフォーマンスを最適化するためのツールである。

C AWS の料金と利用状況を監視し、予算の遵守と最適化のためのアドバイスを提供する。

D AWS のリソース間の相互依存関係を分析し、最適なアーキテクチャを提案する。

Q8 | AWS Health Dashboard は何を提供するサービスですか。

A AWS リソースの可用性とパフォーマンスの監視を行う。

B AWS アカウントのセキュリティ状態を評価し、アドバイスを提供する。

C AWS サービスに関する重要なアップデートや障害情報を提供する。

D AWS の利用状況に基づいて、コスト最適化のアドバイスを提供する。

Q9 | AWSのサポートプランで提供される4つのレベル（ベーシックサポート、開発者サポート、ビジネスサポート、エンタープライズサポート）のうち、どのサポートプランから専任TAMを提供していますか。

A ベーシックサポート

B 開発者サポート

C ビジネスサポート

D エンタープライズサポート

Q10 | AWSのコスト分析において、タグを使用することでどのような利点がありますか。

A コストをより詳細に追跡および割り当てることができる。

B リソースのセキュリティを向上させることができる。

C リソースのパフォーマンスを監視することができる。

D サーバーレスアプリケーションのデプロイメントを自動化することができる。

解 答 と 解 説

Q1 | 正解 B

A 誤り。Cost Explorer はサービス単位、時期単位、ユーザー単位等、より詳細なコストの傾向を把握することが可能です。

B 正しい。

C 誤り。Budgets は料金が予定を超えた場合に、アラートを出すことも可能です。

この選択肢は誤りです。

D 誤り。Pricing Calculatorは利用するサービスとその稼働時間やスペックを入力することで、コストの見積もりを行うことが可能です。

Q2 ｜ 正解 C

A 誤り。スタンダードRIはEC2、RDSインスタンス等の継続利用を予約することで、一定の割引を受けることができる購入オプションです。

B 誤り。コンバーティブルRIはリソースが不足したら追加料金を払ってスケールアップできるオプションです。

C 正しい。

D 誤り。スポットインスタンスはAWS全体で余っているインスタンスを、割引購入できるオプションです。

Q3 ｜ 正解 A

A 正しい。Organizationsを使用してコスト分析を行う際、「組織全体のコストの集計と可視化」が利用できます。Organizationsは、AWSアカウントを組織単位で管理するためのサービスです。組織は複数のアカウントをまとめて管理するための仕組みを提供し、組織の中でのリソースの使用状況やコストを集計して可視化することができます。この機能により、組織全体のコストの傾向やコスト割り当てを把握することができます。

B 誤り。リソースのセキュリティ設定の管理に関しては、Identity and Access Management（IAM）等のセキュリティサービスを使用しますが、直接的にOrganizationsは関与しません。

C 誤り。オンプレミス環境とのハイブリッド接続の設定に関しては、Direct ConnectやSite-to-Site VPN等のサービスを使用しますが、Organizationsはそれには関与しません。

D 誤り。インフラストラクチャの自動スケーリングの設定に関しては、Auto ScalingやElastic Load Balancing等のサービスを使用しますが、Organizationsはそれには関与しません。

Q4 | 正解 C

Organizationsにおけるサービスコントロールポリシー（SCP）は、組織内のアカウントに対してAWSサービスへのアクセス権限を制限するために使用されます。SCPは、組織全体または組織内の特定の単位（OU）に対して適用され、アカウントごとのアクセス制御を一元的に管理することができます。SCPを使用することで、特定のサービスへのアクセスを制限し、セキュリティやコンプライアンスの要件を満たすことができます。

Q5 | 正解 B

A 誤り。「リソースのパフォーマンスを監視し、最適化するため」には、AWSのパフォーマンスモニタリングやオートスケーリング等のツールが使用されます。

B 正しい。Budgetsは、AWSの利用量とコストに関する予算管理をサポートするツールです。あらかじめ設定した予算に対して、実際の利用量と関連するコストが予算を超えた場合や特定の閾値を超えた場合に、アラートや通知を生成します。これにより、コスト管理と予算コントロールを行うことができます。

C 誤り。「データのバックアップと復元」には、AWSのバックアップやストレージサービス等のツールが使用されます。

D 誤り。「クラウドリソースの可用性と信頼性を向上させる」には、AWSの可用性ゾーン、冗長構成、および適切なアーキテクチャ設計が関与します。

Q6 | 正解 A

A 正しい。Cost Explorerは、AWSの利用状況と関連するコストデータを視覚的に分析するためのツールです。特定の月のAWSの利用コストを詳細に確認したり、コストの傾向やトレンドを把握したりすることができます。様々なフィルターやグループ化オプションを使用して、コストを様々な観点で分析することも可能です。

B 誤り。データベースのパフォーマンスメトリクスを監視するためには、AWSの別のサービスであるCloudWatchやDatabase Migration Service等が使用されますが、Cost Explorerはそれには関与しません。

C 誤り。セキュリティイベントのログを分析するためには、AWSのセキュリティサービスであるGuardDutyやCloudTrail等が使用されますが、Cost Explorerはそれには関与しません。

D 誤り。アプリケーションの可用性を監視するためには、AWSの別のサービスである CloudWatch や Elastic Beanstalk 等が使用されますが、Cost Explorer はそれには関与しません。

Q7 | 正解 C

A 誤り。AWS アカウントへのセキュリティ上の脆弱性をチェックし、アドバイスを提供するのは Security Hub や Inspector 等のサービスです。

B 誤り。AWS 上のアプリケーションのパフォーマンス最適化には、AWS のパフォーマンスモニタリングや Auto Scaling、Elastic Load Balancer 等のサービスが使用されます。

C 正しい。Trusted Advisor は、AWS の利用状況や料金に関するアドバイスを提供するサービスです。料金やリソースの利用状況を監視し、予算を遵守するための最適化のアドバイスを提供します。例えば、未使用のリソースや過剰なリソースの検出、料金節約のための最適なインスタンスタイプの提案等が含まれます。

D 誤り。AWS のリソース間の相互依存関係を分析し、最適なアーキテクチャを提案するのは AWS Well-Architected Tool や Architecture Center 等のサービスです。

Q8 | 正解 C

A 誤り。AWS リソースの可用性とパフォーマンスの監視を行うのは、CloudWatch や X-Ray 等のサービスです。

B 誤り。AWS アカウントのセキュリティ状態を評価し、アドバイスを提供するのは Trusted Advisor や Security Hub 等のサービスです。

C 正しい。AWS Health Dashboard は、AWS サービスに関連する重要な情報を提供するサービスです。これには、予定されたメンテナンス、サービスの障害、セキュリティアナウンス等が含まれます。ユーザーは AWS Health Dashboard を通じて、サービスの可用性やパフォーマンスに関する重要なアップデートを確認することができます。

D 誤り。AWS の利用状況に基づいてコスト最適化のアドバイスを提供するのは Cost Explorer や Budgets 等のサービスです。

Q9 | 正解 D

A 誤り。ベーシックサポートは、無料のサポートプランであり、基本的なサービス利用サポートやドキュメントへのアクセスが提供されますが、専任TAMは提供されません。

B 誤り。開発者サポートは、追加料金がかかるサポートプランであり、テクニカルガイダンスやエラーコードのデバッグ支援等が提供されますが、専任TAMは提供されません。

C 誤り。ビジネスサポートは、ベーシックサポートや開発者サポートと比べると、さらに高い料金がかかるサポートプランであり、重大なシステムインパクトやエラーコードに関しては24/7のテクニカルサポートが提供されますが、専任TAMは提供されません。

D 正しい。エンタープライズサポートは、最上位のサポートプランであり、24/7のテクニカルサポートやサービス利用制限のサポートが提供されます。迅速な対応や専任TAMの割り当て等、大規模なビジネス環境に適した高度なサポートが提供されます。

Q10 | 正解 A

A 正しい。タグは、リソースに関連づけることができるキーバリューペアであり、例えばプロジェクト名、部門名、環境等の情報を表すことができます。これにより、コスト分析をより細かく行い、リソースごとのコストを特定のタグに基づいて追跡することが可能です。タグによってリソースがどの部門やプロジェクトに関連しているのかが明確になり、コストの割り当てや予算管理をより効果的に行うことができます。

B 誤り。リソースのセキュリティを向上させるためには、AWSのセキュリティサービスやベストプラクティスを使用する必要がありますが、直接的にタグは関与しません。

C 誤り。リソースのパフォーマンスを監視するためには、AWSのパフォーマンスモニタリングサービスやメトリクスを使用する必要がありますが、タグはそれには関与しません。

D 誤り。サーバーレスアプリケーションのデプロイメントを自動化するためには、AWSのサーバーレスサービスやデプロイメントツールを使用する必要がありますが、タグはそれには関与しません。

第 **20** 章

模 擬 試 験

試験時間 90分

　本試験形式の模擬試験です。学習の理解度を確認するために、まずは試験時間内で解いてみましょう。間違えた問題や理解不足のテーマがあれば、解説ページに戻って確認します。このプロセスを繰り返して合格レベルの知識を確実に定着させましょう。

模擬試験問題

Q1 | 責任共有モデルにおいて、ユーザー側の責任となるのはどれですか。

A ハードウェアのセキュリティパッチの適用

B KMSを使用したS3の暗号化

C SOC（Service Organization Control）II等の第三者認証への準拠

D 不要となった物理ディスクからのデータの消去

Q2 | ITリソースへの需要が変動する際に、AWSがオンプレミスよりもエコノミクスの観点で優れている理由はどれですか。

A ピーク時のITリソースのキャパシティ需要を予測できる。

B 責任共有モデル上、物理機器（ハードウェア）の運用はユーザーの自由にできる。

C ピーク時に必要なITリソースのキャパシティを長期間保持し続けることができる。

D 需要の変動に応じてITリソースのキャパシティを変更できる。

Q3 | AWS以外の企業からEC2にあらかじめインストールされたアプリケーションを購入できるサービスはどれですか。

A マネジメントコンソール

B AWS Amplify

C AWS Marketplace

D AWS Well-Architected Framework

Q4 | AWSの仮想プライベートクラウドとオンプレミスを接続するための専用線を提供するネットワーキングサービスはどれですか。

A AWS Direct Connect

B Amazon VPC

C AWS Client VPN

D Amazon Route 53

Q5 | コンテンツキャッシュやDNSサービスを提供するAWSのグローバルインフラストラクチャの構成要素はどれですか（2つ選択）。

A エッジロケーション

B リージョン

C Amazon Route 53

D Amazon VPC

Q6 | ビッグデータのデータ処理やデータ分析をサポートするためのサービスはどれですか。

A Amazon EC2

B Amazon S3

C Amazon EMR

D Amazon RDS

Q7 | EC2インスタンスを停止するAPIコールを発行したユーザーを特定するために使うサービスはどれですか。

A AWS CloudTrail

B Amazon Inspector

C Amazon GuardDuty

D Amazon Detective

Q8 | データベースにログインする際の接続文字列といったアプリケーション向けのシークレットの管理を行うことができるサービスはどれですか。

A AWS CloudTrail

B AWS Key Management Service（KMS）

C AWS CloudHSM

D AWS Secrets Manager

Q9 │ CloudTrailやVPC通信のログを解析して、不正アクセスの可能性を検出するサービスはどれですか。

A Amazon Inspector

B Amazon GuardDuty

C Amazon Macie

D Amazon Detective

Q10 │ S3に保存されたデータの重要度や漏洩の可能性を診断するサービスはどれですか。

A Amazon Inspector

B Amazon GuardDuty

C Amazon Macie

D Amazon Detective

Q11 │ AWS上のリソースの状態変更をトリガーとして、アクションを実行する機能を提供するサービスはどれですか。

A AWS CloudTrail

B Amazon CloudWatch Logs

C Amazon EventBridge

D Amazon CloudWatch アラーム

Q12 │ AWS上のインフラストラクチャをコード化し、リソースの作成・更新・削除を行うためのサービスはどれですか。

A AWS OpsWorks

B AWS Elastic Beanstalk

C AWS CloudFormation

D AWS Service Catalog

Q13
EC2インスタンスの実際の使用量をもとに最適なインスタンスサイズを推奨するサービスはどれですか。

A AWS Health Dashboard

B AWS Compute Optimizer

C AWS Trusted Advisor

D AWS Well-Architected Tool

Q14
このサービスは、継続的デリバリーのパイプラインを簡単に構築できるものです。具体的には、リポジトリやビルド、デプロイサービスの設定、パイプラインの構築、デプロイ先のインスタンスの設定が行えます。このサービスとして最も適切なものはどれですか。

A AWS OpsWorks

B AWS Elastic Beanstalk

C AWS CodePipeline

D AWS CodeStar

Q15
マネジメントコンソールへのログインにおいて、想定しないユーザーからの不正アクセスを防ぐ手段として適切なものはどれですか（2つ選択）。

A ルートユーザーでログインを行う。

B 多要素認証（MFA）を利用する。

C IAMユーザーを使用する。

D AWS Shieldで防御する。

Q16
X社はAWS上にECサイトを構築しています。X社のECサイトの非機能要件は、少なくとも99%以上の稼働率が必要です。次の内、どの展開戦略を実施すべきでしょうか？

A マルチVPC展開

B マルチAZ展開

C マルチリージョン展開

D オートスケーリング展開

Q17
様々なデータ集計計算・分析作業等の負荷の重い大規模な計算を実行するバッチコンピューティングを行うためのサービスはどれですか。

A AWS Batch

B Amazon EMR

C AWS Elastic Beanstalk

D Amazon ECR

Q18
Amazon Lightsailで提供される機能として、適切なものはどれですか。

A 仮想プライベートサーバーの構築

B コンテナ管理サービス

C データウェアハウスの構築

D ドキュメント駆動型のストレージサービス

Q19
Amazon EC2とストレージについて、正しいものはどれですか。

A EC2インスタンスを削除しても、それに接続されていたEBSボリュームは削除されない。

B インスタンスストアはEC2インスタンスの一時的なデータを保持する際に利用するストレージである

C EFSは複数のEC2インスタンスから接続できるが、EBSは複数のEC2インスタンスから接続できない。

D EBSもS3も同じくブロックストレージである。

Q20
システム間の連携ではJSON形式でデータをやり取りするケースが多いです。JSONの構造のまま、データを格納することができるサービスはどれですか。

A Amazon Neptune

B Amazon DocumentDB

C Amazon Redshift

D Amazon Quantum Ledger Database

Q21 | クラウドコンピューティングにおける、スケーラビリティを正しく説明しているのはどれですか。

A クラウドリソースを適切に割り当てる能力

B クラウドサービスへのアクセス速度

C クラウド環境の可用性と信頼性

D クラウドリソースの容量を自動的に増減する能力

Q22 | AWSにおけるVPC (Virtual Private Cloud) とは何ですか。

A AWSが提供する仮想的なプライベートネットワーク

B インターネットに接続された仮想マシンの集合体

C AWSのコンプライアンスポリシーに準拠した仮想サーバー

D 顧客のデータを暗号化するための仮想的なセキュリティレイヤー

Q23 | AWSにおけるIAM (Identity and Access Management) とは何ですか。

A AWS上で実行されるアプリケーションのセキュリティ評価モデル

B AWS上のリソースへのアクセス制御と認証を管理するサービス

C AWSの物理的なデータセンターのセキュリティ担当者

D AWSが提供するマルウェア検出および防止のためのサービス

Q24 | AWSで使用されるデータ保護のための暗号化サービスはどれですか。

A AWS Shield

B AWS CloudTrail

C AWS Key Management Service (KMS)

D AWS IAM

Q25 | AWS CloudFormationで使用されるテンプレートファイルは、特にどの形式で作成されますか。

A JSON形式

B YAML形式

C　XML形式

D　HTML形式

Q26 | 次のうち、AWSのストレージサービスはどれですか。

A　Amazon EC2

B　AWS Lambda

C　Amazon RDS

D　Amazon S3

Q27 | Amazon Elastic Block Store（EBS）の使用目的として異なるものはどれですか。

A　データのバックアップと復元

B　インスタンス間のデータ共有

C　スケーラブルなデータベースのホスティング

D　永続的なブロックレベルストレージの提供

Q28 | AWSのネットワークACL（Network Access Control List）について、適切な記述はどれですか（2つ選択）。

A　ネットワークACLは、インスタンスレベルでのセキュリティを提供するためのサービスである。

B　ネットワークACLは、サブネットレベルでのセキュリティを提供するためのサービスである。

C　ネットワークACLは、インバウンドおよびアウトバウンドのトラフィックを制御するためのファイアウォールルールを定義する。

D　ネットワークACLは、リージョン間の通信を暗号化するためのサービスである。

Q29 | Amazon RDSは、どのデータベースエンジンをサポートしていますか。

A　Microsoft SQL Server、Oracle、PostgreSQL、MongoDB

B　MySQL、Cassandra、Redis、OpenSearch

C MySQL、Oracle、PostgreSQL、MariaDB

D Microsoft SQL Server、MongoDB、Cassandra、Redis

Q30 | AWS CodePipeline はどのような機能を提供するサービスですか。

A サーバーレスアプリケーションのデプロイメントを行うサービス

B クラウドストレージを提供するサービス

C アプリケーションのビルド、テスト、デプロイメントのパイプラインを構築するサービス

D ネットワークの負荷分散を行うサービス

Q31 | AWS のコスト見積もりを行うために使用するサービスはどれですか。

A AWS Cost Explorer

B AWS Budgets

C AWS Pricing Calculator

D AWS CloudFormation

Q32 | AWS の請求アラートを設定するために使用するサービスはどれですか。

A AWS Budgets

B AWS Trusted Advisor

C AWS Cost Explorer

D AWS CloudFormation

Q33 | Amazon SNS の一般的なユースケースはどれですか。

A データウェアハウスのクエリ処理

B オブジェクトストレージのデータバックアップ

C メッセージ通知とアラート配信

D コンテンツデリバリーとキャッシュの最適化

Q34 | Amazon API Gateway は、どのような目的で使用される AWS サービスですか。

A インフラストラクチャの可視化と監視を行うためのサービスである。

B クラウドリソースのプロビジョニングと構成管理を行うためのサービスである。

C 簡単に API の作成、配布、保守、監視、保護が行えるフルマネージドなサービスである。

D マイクロサービスアーキテクチャの実装と管理を行うためのサービスである。

Q35 | AWS のサイト間 VPN（Site-to-Site VPN）について、適切な記述はどれですか。

A サイト間 VPN は、オンプレミスのデータセンターと AWS の VPC 間で暗号化されたトンネルを確立し、プライベートネットワークの接続を実現する。

B サイト間 VPN は、AWS リージョン内の異なる VPC 間でトラフィックをルーティングするためのサービスである。

C サイト間 VPN は、インターネット上のリソースへのセキュアなアクセスを提供するためのサービスである。

D サイト間 VPN は、ネットワーク ACL やセキュリティグループと連携してネットワークのセキュリティを強化する。

Q36 | AWS Direct Connect を使用すると、どの利点が得られますか。

A データの耐久性と冗長性の向上

B インターネット経由のトラフィックの高速化

C パブリッククラウドへの安全なプライベート接続

D オンプレミスネットワークの拡張性の向上

Q37 | Amazon Elastic File System（EFS）の特徴について、正しく説明しているものはどれですか。

A EFS は、オンプレミスのデータセンターに配置されたファイルシステムのバックアップと復元を提供する。

B EFSは、ブロックレベルストレージであり、高速なディスクI/Oを提供する。

C EFSは、オブジェクトストレージであり、ウェブサービスベースでのアクセスを提供する。

D EFSは、複数のEC2インスタンスから同時にアクセス可能なマネージドなネットワークファイルシステムである。

Q38 | インスタンスストアの特徴について、正しく説明しているものはどれですか。

A インスタンスストアはネットワークストレージであり、データのバックアップと復元に使用される。

B インスタンスストアはAmazon S3と同様の永続的なストレージサービスである。

C インスタンスストアはEC2インスタンスと物理的に関連づけられたローカルなディスクストレージである。

D インスタンスストアはデータの永続性を保証するための冗長性と可用性を提供する。

Q39 | AWS Elastic Beanstalkを使用してWebアプリケーションをデプロイする際、どのレベルのリソース管理が提供されますか。

A インスタンスレベル

B アプリケーションレベル

C イメージレベル

D コンテナレベル

Q40 | AWSでリレーショナルデータベースを構築するために使用されるサービスはどれですか。

A Amazon RDS

B Amazon DynamoDB

C Amazon Redshift

D Amazon S3

Q41 | AWSでデータ暗号化を実現するためのサービスはどれですか。

A　AWS IAM

B　AWS CloudTrail

C　AWS Key Management Service（KMS）

D　AWS CloudFormation

Q42 | AWSが提供するセキュリティ認証と承認のサービスはどれですか。

A　Amazon S3

B　AWS Identity and Access Management（IAM）

C　Amazon EC2

D　AWS Lambda

Q43 | AWSのコスト配分タグについて、正しい説明はどれですか。

A　コスト配分タグは、特定のリソースのコストを追跡し、利用状況を分析するためのメタデータである。

B　コスト配分タグは、セキュリティ上の目的で使用され、アクセス制御を強化する。

C　コスト配分タグは、リージョン間のデータ転送に関連するコストを削減する。

D　コスト配分タグは、AWSサービスの利用料金を自動的に調整し、最適化する。

Q44 | AWS Organizationsを使用することで享受できる請求に関するメリットはどれですか。

A　アカウントごとに個別の請求書を受け取ることができる。

B　アカウント間で請求を統合し、一括で支払うことができる。

C　請求書の詳細情報をリアルタイムで表示できる。

D　請求の割引や特典を受けることができる。

Q45 | 機密情報や個人情報の検出に特化したサービスはどれですか。

A Amazon CloudFront

B Amazon Macie

C AWS Elastic Beanstalk

D Amazon Redshift

Q46 | ファイル転送プロトコルを使用してデータをAWS上のストレージに安全に転送するためのサービスはどれですか。

A AWS Storage Gateway

B AWS Transfer Family

C AWS DataSync

D AWS Snowball

Q47 | 画像やビデオを分析して顔やオブジェクトを検出し、顔認識やラベル付けを行うためのAWSサービスはどれですか。

A Amazon Lex

B Amazon Rekognition

C Amazon Polly

D Amazon Transcribe

Q48 | AWS AppSyncは、どのようなサービスですか。

A 仮想マシンのホスティングサービス

B ファイルストレージサービス

C GraphQLをベースとしたフルマネージドアプリケーションサービス

D データベースのバックアップサービス

Q49 | 異なるAWSアカウント間でリソースの共有を簡単に行うためのサービスはどれですか。

A AWS CloudTrail

B AWS Direct Connect

C AWS Resource Access Manager（AWS RAM）

D AWS Elastic Beanstalk

Q50 | メッセージ配信サービスとして機能するAWSのサービスはどれですか。

A Amazon EC2

B Amazon RDS

C Amazon S3

D Amazon SNS

Q51 | MongoDBをサポートしたAWSのサービスはどれですか。

A Amazon DocumentDB

B Amazon RDS

C Amazon S3

D Amazon DynamoDB

Q52 | AWSが提供するデータ分析に特化したサービスはどれですか。

A Amazon RDS

B Amazon S3

C Amazon Redshift

D Amazon CloudFront

Q53 | AWS Global Acceleratorはどのような目的で使用されるAWSサービスですか。

A インターネット上のトラフィックの可視化と監視を行うためのサービス

B グローバルなユーザーエクスペリエンスの向上と高速なアプリケーション配信を実現するためのサービス

C 複数のAWSリージョン間でのデータのバックアップとレプリケーションを行うためのサービス

D マルチテナント環境でのセキュリティおよびアクセス管理を強化するため

Q54 | Amazon Route53 はどのような AWS サービスですか。

A 仮想サーバーのオーケストレーションと管理を行うためのサービスである。

B オンプレミス環境と AWS クラウド間のネットワーク接続を確立するためのサービスである。

C DNS（Domain Name System）サービスを提供し、ドメイン名と IP アドレスの名前解決を行うためのサービスである。

D ストレージ容量の増加に応じて自動的にスケールするためのサービスである。

Q55 | データの永続性を持たないストレージサービスはどれですか。

A Amazon EFS

B Amazon S3

C インスタンスストア

D Amazon EBS

Q56 | 異なる AWS サービス間のイベント統合を可能にするマネージドサービスはどれですか。

A Amazon Redshift

B Amazon EventBridge

C Amazon S3

D Amazon EC2

Q57 | クラウドベースのコールセンターサービスはどれですか。

A Amazon Connect

B Amazon S3

C Amazon EC2

D Amazon RDS

Q58 | 分散アプリケーションのパフォーマンスのトラブルシューティングやボトルネックの特定を支援するためのサービスはどれですか。

A AWS CodeCommit

B AWS CloudFormation

C AWS X-Ray

D Amazon CloudFront

Q59 | AWS Device Farm は、どのようなサービスですか。

A サーバーレスなコンピューティングサービス

B デバイステストとデバイスファーミングサービス

C バックアップと復元サービス

D 仮想ネットワークサービス

Q60 | 音声データを自動的にテキストに変換するための AWS のサービスはどれですか。

A Amazon Transcribe

B Amazon Lex

C Amazon Rekognition

D Amazon Polly

Q61 | AWS リソースの配布と管理を簡素化するためのサービスはどれですか。

A AWS Config

B AWS Service Catalog

C AWS CloudFormation

D AWS Systems Manager

Q62 | 統合開発環境（IDE）をクラウド上で提供するためのサービスはどれですか。

A AWS CloudTrail

B AWS CloudFormation

C AWS Cloud9

D Amazon CloudFront

Q63 | ビジネスプロセスやワークフローの自動化を実現するためのサービスはどれですか。

A Amazon DynamoDB

B AWS Step Functions

C Amazon S3

D Amazon EC2

Q64 | AWS Storage Gatewayはどのような機能を提供するサービスですか。

A メッセージキューサービスの管理

B オブジェクトストレージへのデータ移行

C クラウドストレージとオンプレミスストレージの統合

D ネットワークトラフィックの監視

Q65 | 次のうち、Amazon SQSによって改善できる課題はどれですか。

A データベースのバックアップと復元

B メッセージの順序制御と負荷分散

C リアルタイムなデータ分析

D プライベートなネットワーク接続の確立

模擬試験の解答と解説

Q1 | 正解 B

A 誤り。責任共有モデルにおいて、AWSとユーザーとで共有する責任範囲があります。AWSはグローバルインフラストラクチャ、セキュリティ機能、およびコンプライアンスに責任を持ち、ユーザーはアプリケーション、データ、およびアクセス管理に責任を持ちます。ハードウェアのセキュリティパッチの適用は、AWSの責任範囲になります。

B 正しい。KMSを使用したS3の暗号化は、ユーザーの選択によって実施することができます。AWSはデータの物理的な保管場所とネットワークインフラストラクチャのセキュリティに責任を持っています。

C 誤り。SOC II等の第三者認証への準拠は、AWSが保有するインフラストラクチャのセキュリティに関するものであり、ユーザー側の責任ではありません。

D 誤り。不要となった物理ディスクからのデータの消去は、AWSが行うため、ユーザー側の責任ではありません。

Q2 | 正解 D

A 誤り。AWSはピーク時のITリソースのキャパシティ需要を予測することはできますが、それでもオンプレミスよりもエコノミクスの観点で優れているわけではありません。

B 誤り。AWSは責任共有モデルを採用していますが、ユーザーが物理機器（ハードウェア）の運用を自由にできるわけではありません。

C 誤り。AWSは必要なITリソースのキャパシティを長期間保持することができますが、それでもオンプレミスよりもエコノミクスの観点で優れているわけではありません。

D 正しい。AWSは需要の変動に応じてITリソースのキャパシティを簡単に変更できます。そのため、オンプレミスよりもエコノミクスの観点で優れていると言われています。例えば、ピーク時には必要なキャパシティを増やし、オフピーク時

には減らすことができます。

Q3 ｜ 正解 C

A 誤り。マネジメントコンソールは、AWSのサービスを管理するためのコンソールです。アプリケーションを購入するための機能はありません。

B 誤り。Amplifyは、AWSでモバイルアプリケーションやWebアプリケーションを構築するためのサービスです。アプリケーションを購入するための機能はありません。

C 正しい。Marketplaceは、AWS以外の企業からEC2にあらかじめインストールされたアプリケーションを購入できるサービスです。Marketplaceには、セキュリティ、データベース、ビジネスアプリケーション等、様々な種類のソフトウェアがあります。

D 誤り。AWS Well-Architected Frameworkは、AWSのアーキテクチャを設計するためのベストプラクティスを提供するフレームワークです。アプリケーションを購入するための機能はありません。

Q4 ｜ 正解 A

A 正しい。Direct Connectは、AWSの仮想プライベートクラウドとオンプレミスのネットワークを安全に接続することができる専用線を提供するネットワーキングサービスです。このサービスを使用することで、より高速で信頼性の高い接続が可能になります。

B 誤り。VPCは、AWS上に仮想のプライベートネットワークを構築するためのサービスです。VPCを使用することで、AWS上に論理的に分離されたネットワークを構築することができます。

C 誤り。Client VPNは、AWS上のVPCに接続するためのVPNサービスです。このサービスを使用することで、リモートからAWS上のVPCに安全にアクセスすることができます。

D 誤り。Route 53は、DNSサービスです。このサービスを使用することで、ドメイン名をIPアドレスに変換することができます。

Q5 | 正解 A、C

A 正しい。エッジロケーションは、AWSのコンテンツ配信ネットワーク（CDN）である CloudFront の一部であり、コンテンツキャッシュや動的コンテンツの加速を提供します。

B 誤り。AWS は、世界中に32のリージョンを持ち、それぞれに複数のアベイラビリティーゾーンを備えています。リージョンは AWS のコンピューティングリソース（EC2 インスタンス、RDS データベース、Elastic Beanstalk 等）をホストします。

C 正しい。Route 53 は、DNS サービスを提供する AWS のマネージドサービスです。Route 53 は、DNS ルーティング、ヘルスチェック、フェイルオーバー、トラフィック管理等の機能を提供します。

D 誤り。VPC は、AWS リソースをプライベートネットワーク内に配置することを可能にするサービスです。VPC は、AWS リソースのセキュリティとネットワーク接続をカスタマイズするための機能を提供します。

Q6 | 正解 C

A 誤り。EC2 は、仮想サーバーを提供する Amazon のサービスであり、ビッグデータ処理に使用されることもありますが、それに特化したサービスではありません。

B 誤り。S3 は、オブジェクトストレージを提供する Amazon のサービスであり、ビッグデータのストレージに使用されることがありますが、それに特化したサービスではありません。

C 正しい。EMR は、ビッグデータの処理に特化した Amazon のサービスであり、Hadoop、Spark、Presto、Hive、HBase 等のオープンソースフレームワークを使用しています。

D 誤り。RDS は、リレーショナルデータベースを提供する Amazon のサービスであり、ビッグデータのデータ処理や分析のサポートに使用されることはありません。

Q7 | 正解 A

A 正しい。CloudTrail は AWS のマネジメントコンソールや API に対するアカウント活動を記録するサービスです。EC2 インスタンスの停止は、Management Console、CLI、または SDK 等の API を介して行われます。これらのアカウントアクティビティは CloudTrail によって記録され、停止 API コールを発行したユーザーを特定することができます。

B 誤り。Inspectorは、セキュリティとコンプライアンスの問題を検出するために使用されるサービスです。EC2インスタンスの停止に関する情報を提供する機能はありません。

C 誤り。GuardDutyは、不正アクティビティを自動的に検出するサービスです。EC2インスタンスの停止に関する情報を提供する機能はありません。

D 誤り。Detectiveは、セキュリティ調査サービスであり、EC2インスタンスの停止に関する情報を提供する機能はありません。

Q8 │ 正解 D

A 誤り。CloudTrailは、AWSアカウント内でのアクティビティを記録し、監査やセキュリティ分析を行うことができるサービスです。ログの保存や保管に利用されますが、接続文字列や秘密鍵の管理には適していません。

B 誤り。Key Management Serviceは、暗号化キーの作成や管理を行うことができるサービスです。秘密鍵の管理には適していますが、接続文字列の管理には適していません。

C 誤り。CloudHSMは、ハードウェアセキュリティモジュール（HSM）を提供し、暗号化キーを保護することができるサービスです。秘密鍵の管理には適していますが、接続文字列の管理には適していません。

D 正しい。Secrets Managerは、データベースの接続情報やAPIキー等、機密情報を安全に管理するためのサービスです。接続文字列や秘密鍵の管理に適しています。また、AWSサービスや外部アプリケーションからのアクセスも制御できるため、セキュリティが高いです。

Q9 │ 正解 B

A 誤り。Inspectorは、アプリケーションをデプロイしたEC2インスタンスに対して、アプリケーションの脆弱性を検出し、評価するサービスです。

B 正しい。GuardDutyは、AWSアカウント内のログデータを解析して、潜在的な脅威を検出するマネージド型セキュリティサービスです。GuardDutyは、CloudTrailやVPCフローログ等のログデータを分析し、異常なアクティビティや不審なトラフィック等の異常を検出します。GuardDutyは、複数のAWSアカウントに渡って監視することもできます。

C 誤り。Macieは、S3バケット内のデータの機密性や機微性を自動的に分類し、

検出するサービスです。

D 誤り。Detective は、セキュリティ調査のためのビジュアル分析サービスで、セキュリティインシデントの追跡と解決を支援するために、複数のデータソースからの情報を組み合わせて可視化します。

Q10 │ 正解 C

A 誤り。Inspector には、S3 に保存されたデータの重要度や漏洩の可能性を診断する機能はありません。Q9 解説を参照のこと。

B 誤り。GuardDuty には、S3 に保存されたデータの重要度や漏洩の可能性を診断する機能はありません。Q9 解説を参照のこと。

C 正しい。Macie は、S3 に保存されたデータの機微情報（クレジットカード番号や社会保障番号等）を自動的に検出し、分類することができるサービスです。また、S3 に保存されたデータの重要度や漏洩の可能性を診断する機能もあります。

D 誤り。Detective には、S3 に保存されたデータの重要度や漏洩の可能性を診断する機能はありません。Q9 解説を参照のこと。

Q11 │ 正解 C

A 誤り。CloudTrail は、AWS アカウント内での API 呼び出しのログを取得するサービスです。

B 誤り。CloudWatch Logs は、AWS 上で生成されたログを収集、監視、保存するサービスです。

C 正しい。Amazon EventBridge は、AWS 上のリソースの状態変更をトリガーとして、アクションを実行することができるサービスです。

D 誤り。CloudWatch アラームは、指定したメトリクスに対して閾値を設定し、閾値を超えた場合にアラートを発生させるサービスです。

Q12 │ 正解 C

A 誤り。OpsWorks は、Chef、Puppet というオープンソースの構成管理フレームワークをベースに開発された AWS のサービスであり、サーバーの構成管理をコードで定義し、環境の構築を自動化するためのサービスです。

B 誤り。Elastic Beanstalk は、アプリケーションのデプロイとスケーリングを自動化する AWS のサービスです。

C 正しい。CloudFormationは、AWSリソースのテンプレートを使ってインフラストラクチャをコード化し、簡単にリソースの作成・更新・削除を行うためのAWSのサービスです。

D 誤り。Service CatalogはAWS内で承認されたサービスのみを使用することができるように管理するためのAWSのサービスです。

Q13 │ 正解 C

A 誤り。AWS Health DashboardはAWSサービスの障害情報やサポートケースの進捗状況を確認するためのダッシュボードであり、インスタンスサイズの推奨には関わっていません。

B 誤り。Compute OptimizerはAWSのリザーブドインスタンスやスポットインスタンスの最適化を支援するサービスであり、既存のインスタンスサイズの最適化には関わっていません。

C 正しい。TrustedAdvisorはAWSのアカウントに対して、コスト最適化、パフォーマンス最適化、セキュリティ向上、耐障害性向上等のアドバイスを自動的に提供するサービスであり、EC2インスタンスサイズの最適化に関するアドバイスも提供しています。

D 誤り。AWS Well-Architected ToolはAWSのアーキテクチャに関するベストプラクティスに従ってアカウントのアーキテクチャレビューを支援するサービスであり、EC2インスタンスサイズの最適化には関わっていません。

Q14 │ 正解 C

A 誤り。OpsWorksはAWSが提供しているDevOpsのためのサービスです。

B 誤り。Elastic Beanstalkはアプリケーションのデプロイとスケーリングを簡単に実現するためのサービスです。

C 正しい。CodePipelineはAWSが提供している継続的デリバリーのためのサービスであり、リポジトリやビルド、デプロイサービスの設定、それらを実行するためのパイプラインの構築、デプロイ先のインスタンスの設定を行うことができます。

D 誤り。CodeStarはAWSが提供しているアプリケーションの開発とデプロイのためのサービスです。CodePipelineと同様に継続的デリバリーを実現することはできますが、より高度な機能を提供しているため、簡単にパイプラインを構築す

るサービスとしては、CodePipelineの方が適しています。

Q15 | 正解 B、C

A 誤り。ルートユーザーでのログインは、すべてのAWSサービスにアクセス可能な最高権限を持っているため、想定しないユーザーからの不正アクセスを防ぐには不適切です。

B 正しい。多要素認証（MFA）では、パスワードのみではなく、別途認証トークンを用いた認証を行うため、不正アクセスを防ぐことができます。

C 正しい。IAMユーザーを使用すると、AWSサービスに対する特定の権限を持ったユーザーを作成することができます。ルートユーザーとは別に、特定の権限を持ったIAMユーザーを作成することで、不正アクセスによる被害を最小限に抑えることができます。

D 誤り。Shieldは、DDoS攻撃からWebアプリケーションを保護するサービスであり、ログイン認証には直接関係ありません。

Q16 | 正解 B

A 誤り。シングルAZをマルチVPC展開によって、ネットワークを分割しても冗長性は変化しないため、高い稼働率を実現することはできません。

B 正しい。マルチAZ構成はアベイラビリティーゾーンを2つ以上使用するアプリケーションの展開方式です。複数のアベイラビリティーゾーンを使用して、複数のデータセンター間でアプリケーションとデータをレプリケートすることができるため、99％以上の稼働率のSLAを実現することができます。

C 誤り。マルチリージョン展開によって、ホットスタンバイやウォームスタンバイ構成をとることで、大きな災害時にリージョンが停止しても対処できるようになりますが、X社の要件は災害対応ではないためマルチリージョン展開は不要です。

D 誤り。EC2インスタンス等にオートスケーリング展開を実施することで、可用性を高めることは可能ですが、99％以上の高い稼働率を実現するには不十分です。

Q17 | 正解 B

A 誤り。Batchは、AWSのマネージドバッチ処理サービスであり、一定のスケジュールに従ってコンピューティングリソースを利用して処理を行います。

B 正しい。EMRは、大量のデータを処理するために設計されたマネージドHadoop
フレームワークであり、バッチ処理や機械学習等の分散処理に利用されています。
EMRは、Spark、Hive、Pig、HBase、Flink等のオープンソースのビッグデータ
ツールをサポートしています。

C 誤り。Elastic Beanstalkは、Webアプリケーションの開発・デプロイ・運用を
簡素化するためのサービスであり、DockerやNode.js等の言語やフレームワー
クをサポートしています。

D 誤り。ECRは、コンテナイメージの保存・管理を行うためのサービスであり、
バッチ処理とは関係ありません。

Q18 ｜ **正解 A**

Lightsailは、簡単に仮想プライベートサーバー（VPS）を構築できるサービスです。
AWSリソースのネットワーク設定、セキュリティグループの設定等の手間を省くこ
とができます。

Q19 ｜ **正解 B**

A 誤り。EC2インスタンスに接続されているEBSボリュームは、削除された場合
にはデフォルトで削除されます。ただし、EBSボリュームを削除しなかった場合、
EBSボリュームは単独で存在できます。

B 正しい。インスタンスストアは、EC2インスタンスの一時的なデータを保持する
ブロックレベルの一時ストレージを提供します。
このストレージは、ホストコンピュータに物理的にアタッチされたディスク上に
あります。

C 誤り。EFSは複数のEC2インスタンスから接続でき、同時にファイル共有が可能
です。また、EBSも、複数のEC2インスタンスに接続できるブロックストレージ
です。

D 誤り。EBSとS3は、どちらもストレージサービスですが、異なるストレージタ
イプです。EBSはブロックストレージであり、S3はオブジェクトストレージで
す。

Q20 | 正解 B

A 誤り。Neptuneはグラフデータベースであり、JSON形式でデータを格納することはできません。

B 正しい。JSON形式でデータを格納することができるサービスは、ドキュメント指向データベースです。その中でも、AWSのドキュメント指向データベースサービスであるDocumentDBは、JSON形式でデータを格納することができます。

C 誤り。Redshiftはデータウェアハウスであり、JSON形式でデータを格納することはできません。

D 誤り。Quantum Ledger Databaseは分散台帳技術を使用したデータベースであり、JSON形式でデータを格納することはできません。

Q21 | 正解 D

A 誤り。スケーラビリティとは関係がありますが、「クラウドリソースを適切に割り当てる能力」とは異なる概念です。

B 誤り。「クラウドサービスへのアクセス速度」は、スケーラビリティとは関係がありません。

C 誤り。「クラウド環境の可用性と信頼性」は、クラウドコンピューティングにおいて重要な概念ですが、スケーラビリティとは異なる概念です。

D 正しい。スケーラビリティとは、システムが拡張可能であることを指します。クラウドコンピューティングにおけるスケーラビリティとは、クラウドリソースの容量を自動的に増減することができる能力を指します。これにより、需要の変化に応じてシステムの容量を柔軟に調整することができます。このため、クラウドコンピューティングは、ビジネスの変化に迅速に対応することができるため、より効率的なビジネス運営が可能となります。

Q22 | 正解 A

A 正しい。VPCとは、AWSが提供する仮想的なプライベートネットワークであり、AWS上で構築されたネットワーク内において、ユーザーが独自のIPアドレスやサブネットを設定し、仮想マシンやほかのリソースを配置することができます。VPCを利用することで、インターネット上でのネットワーク分離が可能となり、セキュリティを確保することができます。

B 誤り。VPC内における仮想マシンを指しているようですが、VPCは仮想的なネッ

トワークの構築に使用されるため不適切です。

C 誤り。VPCはネットワークの構築に使用されるものであるため、不適切です。

D 誤り。VPCは、データを暗号化するための機能を提供するものではありません。

Q23 ｜ 正解 B

A 誤り。「AWS上で実行されるアプリケーションのセキュリティ評価モデル」は、IAMとは関係ありません。

B 正しい。IAMは、AWS上のリソースへのアクセス制御と認証を管理するサービスです。IAMを使用すると、AWSのリソースへのアクセスを許可するために必要な認証情報を作成し、管理することができます。また、IAMを使用することで、AWSリソースへのアクセス権限を制限することができます。これにより、セキュリティ上のリスクを最小限に抑えることができます。

C 誤り。「AWSの物理的なデータセンターのセキュリティ担当者」は、IAMとは関係ありません。

D 誤り。「AWSが提供するマルウェア検出および防止のためのサービス」は、IAMとは関係ありません。

Q24 ｜ 正解 C

A 誤り。Shieldは、DDoS攻撃からアプリケーションを保護するためのAWSのマネージドサービスです。Application Load Balancer、CloudFront、Route 53等のAWSサービスで使用できます。

B 誤り。AWS CloudTrailは、AWSアカウントで行われたアクションを記録するためのサービスです。AWS CloudTrailは、APIの呼び出し履歴を記録して、アカウントのセキュリティを向上させます。

C 正しい。KMSは、AWSで使用されるデータ保護のための暗号化サービスです。KMSは、暗号化キーの作成、管理、保護を行い、KMSで生成されたキーを使用して、S3やEBS等のAWSサービスの暗号化を提供します。

D 誤り。IAMは、AWSリソースへのアクセスを安全に管理するためのサービスです。IAMを使用して、ユーザー、グループ、ロール等の認証情報を作成し、AWSサービスへのアクセス権限を付与できます。

Q25 | 正解 B

CloudFormationで使用されるテンプレートファイルは、YAML形式またはJSON形式で作成されます。XML形式やHTML形式は使用されません。

YAML形式は、JSON形式よりも読みやすく書きやすいため、CloudFormationテンプレートの作成に特に適しています。ただし、JSON形式も引き続きサポートされています。選択肢には、YAML形式とJASON形式がありますが、よりふさわしいYAML形式を解答とします。

Q26 | 正解 D

A 誤り。EC2は、仮想マシンのインスタンスを提供するAWSのコンピューティングサービスであり、ストレージサービスではありません。

B 誤り。Lambdaは、サーバーレスのコンピューティングサービスであり、ストレージサービスではありません。

C 誤り。RDSは、リレーショナルデータベースサービスであり、ストレージサービスではありません。

D 正しい。S3は、シンプルストレージサービスであり、AWSのストレージサービスの一つです。ファイルやデータをストレージすることができ、高い信頼性と耐久性が特徴です。

Q27 | 正解 C

A 誤り。EBSはデータの永続的な保存を行うため、バックアップと復元にも使用されます。EBSスナップショットを使用することで、EBSボリュームのデータをバックアップし、必要に応じて復元することができます。

B 誤り。EBSは単一もしくは複数のEC2インスタンスに接続されます。また、インスタンス間でのデータ共有に使用される場合もあります。

C 正しい。スケーラブルなデータベースのホスティングには、RDSやAurora等のデータベースサービスが使用されます。EBSはデータベースのストレージとして使用されることはありますが、スケーラブルなデータベースのホスティングそのものではありません。

D 誤り。EBSは、AWS上で永続的なブロックレベルストレージを提供するサービスです。EBSは、EC2インスタンスに接続され、データの永続的な保存とブロックレベルのアクセスを可能にします。EBSボリュームは、EC2インスタンスとの間

で高いパフォーマンスと信頼性を提供し、データの永続性を保つことができます。

Q28 | 正解 B、C

A 誤り。ネットワークACLは、インスタンスレベルではなく、サブネットレベルでのセキュリティを提供するためのサービスです。

B 正しい。ネットワークACLは、サブネットレベルでのセキュリティを提供します。

C 正しい。ネットワークACLは、サブネット内のインバウンドおよびアウトバウンドのトラフィックを制御するためのファイアウォールルールを定義します。これにより、ネットワークレベルでのセキュリティを強化することができます。

D 誤り。ネットワークACLは、リージョン間の通信を暗号化するためのサービスではありません。リージョン間の通信には、ほかのサービスや機能（例：VPCピアリング、Direct Connect等）が使用されます。

Q29 | 正解 C

A 誤り。MongoDBはDocumentDBとして提供されており、RDSではサポートされていません。

B 誤り。Cassandra、Redis、ElasticsearchはRDSではサポートされていません。ただし、OpenSearchに関しては、OpenSearch Serviceとして別のサービスとして提供されています。

C 正しい。RDSはMySQL、Oracle、PostgreSQL、MariaDBといったリレーショナルデータベースエンジンをサポートしています。これらのエンジンを使用することで、高可用性、自動バックアップ、スケーリング等の管理作業を簡素化し、データベースのパフォーマンスと信頼性を向上させることができます。

D 誤り。Microsoft SQL Server、MongoDB、Cassandra、Redisは、RDSではサポートされていません。ただし、Microsoft SQL Serverに関しては、RDSでは別のエディションが提供されています。

Q30 | 正解 C

A 誤り。サーバーレスアプリケーションのデプロイメントを行うサービスは、SAM（Serverless Application Model）やCloudFormation等です。

B 誤り。クラウドストレージを提供するサービスは、S3です。

C 正しい。CodePipelineは、アプリケーションのビルド、テスト、デプロイメン

トのパイプラインを構築するためのサービスです。CodePipelineを使用すると、複数のステージで構成されるパイプラインを作成し、アプリケーションの自動化されたデプロイメントを実現することができます。このパイプラインは、コードのビルド、テスト、デプロイ等の一連の手順を自動的に実行することができます。

D 誤り。ネットワークの負荷分散を行うサービスは、ELBやRoute 53等です。

Q31 ｜ 正解 C

A 誤り。Cost Explorerは、実際のAWSの使用状況に基づいてコストと利用状況のデータを可視化するためのサービスです。コストの分析や利用状況のトレンドの把握に役立ちますが、具体的なコスト見積もりを行うためのツールではありません。

B 誤り。Budgetsは、AWSのコスト管理に使用するためのサービスです。特定の予算やコストの閾値を設定し、それを超えた場合に通知を受けることができます。ただし、具体的なコスト見積もりを行うためのツールではありません。

C 正しい。Pricing Calculatorは、AWSのサービスを使用する際の見積もりを行うためのWebベースのツールです。このツールを使用すると、異なるAWSサービスの使用量やリージョンの選択に基づいて、予想されるコストを評価することができます。Pricing Calculatorでは、インスタンスタイプ、ストレージ、ネットワーキング、データ転送等、様々な要素に対してコスト見積もりを行うことができます。

D 誤り。CloudFormationは、インフラストラクチャをコードとして管理するためのサービスであり、リソースの作成とプロビジョニングを自動化します。コスト見積もりを行うための直接的な機能を提供するわけではありません。

Q32 ｜ 正解 A

A 正しい。Budgetsは、AWSのコスト管理に使用するためのサービスであり、予算やコストの閾値を設定し、超過した場合に通知を受けることができます。具体的には、特定のサービスやリージョン、タグ等に基づいた予算を設定し、予算の閾値を超えた場合にメール通知やSNS通知を受け取ることができます。これにより、予算をオーバーランすることを防ぐための請求アラートを設定することができます。

B 誤り。Trusted Advisorは、AWSのアカウントのセキュリティ、パフォーマンス、コスト最適化等の状態をチェックし、最適なアドバイスを提供するサービスです。

具体的な請求アラートの設定には直接関与しません。

C 誤り。Cost Explorerは、AWSの利用状況と関連するコストデータを視覚的に分析するためのツールです。請求アラートの設定には使用されません。

D 誤り。CloudFormationは、インフラストラクチャをコードとして管理するためのサービスであり、リソースの作成とプロビジョニングを自動化します。請求アラートの設定には直接関与しません。

Q33 | 正解 C

A 誤り。データウェアハウスのクエリ処理にはRedshiftが利用されますが、SNSはその役割を持っていません。

B 誤り。オブジェクトストレージのデータバックアップにはS3が利用されますが、SNSはその役割を持っていません。

C 正しい。SNSは、パブリッシュ／サブスクライブモデルに基づいたマネージド型のメッセージ配信サービスであり、トピックに対してメッセージをパブリッシュし、複数のサブスクライバーに対してメッセージを配信することができます。メッセージ通知やアラートの配信に活用されます。

D 誤り。コンテンツデリバリーとキャッシュの最適化にはCloudFrontが利用されますが、SNSはその役割を持っていません。

Q34 | 正解 C

A 誤り。インフラストラクチャの可視化と監視は、CloudTrail、CloudWatchによって提供されます。

B 誤り。クラウドリソースのプロビジョニングと構成管理は、CloudFormation、Configによって実現されます。

C 正しい。API Gatewayは簡単にAPIの作成、配布、保守、監視、保護が行えるフルマネージド型のAPIの管理サービスで、リアルタイムに双方向通信アプリケーションを実現する RESTful API や WebSocket APIを作成することができます。また、API GatewayのAPIキー認証を利用してAPIへのアクセスを認証します。

D 誤り。マイクロサービスアーキテクチャの実装と管理は、ECS、EKSによって提供されます。

Q35 | 正解 A

A 正しい。サイト間VPNは、オンプレミスのデータセンターとAWSのVPC間で暗号化されたトンネルを確立し、セキュアなプライベートネットワークの接続を実現します。これにより、オンプレミス環境とクラウド環境を安全に連携させることができます。

B 誤り。サイト間VPNは、異なるVPC間でのトラフィックルーティングには使用されません。そのようなケースでは、VPCピアリングやトランジットゲートウェイ等の別のサービスが利用されます。

C 誤り。サイト間VPNは、インターネット上のリソースへのセキュアなアクセスを提供するサービスではありません。その目的は、オンプレミス環境とAWSのVPC間のプライベートネットワーク接続です。

D 誤り。サイト間VPNは、ネットワークACLやセキュリティグループとは直接的な関連性を持ちません。それぞれのサービスは独立して機能し、ネットワークのセキュリティを異なるレベルで強化しています。

Q36 | 正解 C

A 誤り。AWSのストレージサービスであるS3等が提供するデータの耐久性と冗長性の向上に関連しています。Direct Connectは、この利点を提供するものではありません。

B 誤り。CloudFront等のコンテンツデリバリネットワーク（CDN）サービスに関連しています。Direct Connectは、インターネット経由のトラフィックの高速化を直接提供するものではありません。

C 正しい。Direct Connectを使用することで、パブリッククラウドへの安全でプライベートな接続を確立できることにあります。これにより、オンプレミスネットワークとAWSの間に専用の物理的または仮想的な接続が確立され、よりセキュアな通信が可能になります。

D 誤り。AWSの仮想ネットワーキングサービスであるVPCが提供するものです。Direct Connectは、オンプレミスネットワークとAWSの間の接続を提供するものであり、オンプレミスネットワークの拡張性に直接関連しているわけではありません。

Q37 | 正解 D

EFSは、複数のEC2インスタンスから同時にアクセス可能なマネージドなネットワークファイルシステムです。EFSは、複数のAZに渡ってデータを冗長化し、高い耐久性と可用性を提供します。また、EFSはスケーラブルであり、必要に応じてストレージ容量を自動的に拡張できます。EC2インスタンスからは、NFS（Network File System）プロトコルを使用してEFSにアクセスします。EFSは、データの永続性を提供するために使用されるため、適切なバックアップ戦略を適用することが重要です。

Q38 | 正解 C

インスタンスストアは、EC2インスタンスに物理的に関連づけられた一時的なブロックレベルストレージです。インスタンスストアは、ホストとの物理的な接続を使用して高速なディスクI/Oを提供しますが、インスタンスが停止または終了されるとデータは失われます。インスタンスストアは、一時的なデータ、キャッシュ、および一時的なストレージが必要なアプリケーションに最適です。

Q39 | 正解 B

A 誤り。Elastic Beanstalkは、アプリケーションレベルでのリソース管理を提供しますので、単一のインスタンスに対するリソース管理は行いません。

B 正しい。Elastic Beanstalkは、Webアプリケーションのデプロイとスケーラビリティを簡素化するためのマネージドサービスです。Elastic Beanstalkでは、アプリケーションレベルのリソース管理が提供されます。具体的には、Elastic Beanstalkはアプリケーションのデプロイ、アプリケーションの実行環境の構成、オートスケーリング、ロードバランシング等を管理します。デプロイされるアプリケーションは、Elastic Beanstalkによって自動的にインフラストラクチャ上のリソースに展開されます。

C 誤り。Elastic Beanstalkはアプリケーションレベルでのリソース管理を提供しますので、イメージレベルでのリソース管理は行いません。イメージレベルのリソース管理は、EC2 Container Service（ECS）やElastic Kubernetes Service（EKS）等のほかのサービスで行われます。

D 誤り。Elastic Beanstalkはアプリケーションレベルでのリソース管理を提供しますので、コンテナレベルでのリソース管理は行いません。コンテナレベルのリソース管理は、ECSやEKS等のほかのサービスで行われます。

Q40 | 正解 A

A 正しい。RDSは、AWS上でリレーショナルデータベースを簡単に構築・運用するためのサービスです。RDSを使用すると、一般的なリレーショナルデータベースエンジン（MySQL、PostgreSQL、Oracle、SQL Server等）のインスタンスを簡単に作成し、データベースの管理やスケーリングを行うことができます。

B 誤り。DynamoDBは、フルマネージド型のNoSQLデータベースサービスです。リレーショナルデータベースではなく、スケーラブルなキーバリューストア型のデータベースです。

C 誤り。Redshiftは、データウェアハウスを構築するためのクラウドベースのデータウェアハウスサービスです。リレーショナルデータベースではありません。

D 誤り。S3は、オブジェクトストレージサービスであり、主にファイルやデータの保存・共有に使用されます。リレーショナルデータベースの構築には使用されません。

Q41 | 正解 C

A 誤り。IAMは、AWSリソースへのアクセスの管理に使用されるサービスであり、データ暗号化には直接関係ありません。

B 誤り。CloudTrailは、AWSアカウント内の操作ログを提供するサービスであり、データ暗号化には直接関係ありません。

C 正しい。KMSは、AWSでのデータ暗号化を実現するためのサービスです。KMSを使用すると、データを保護するための暗号鍵の生成、管理、および使用を行うことができます。KMSは、データベース、ストレージ、メッセージング等様々なAWSサービスと統合してデータの暗号化を行うために使用されます。

D 誤り。CloudFormationは、インフラストラクチャのコード化と自動化をサポートするサービスであり、データ暗号化には直接関係ありません。

Q42 | 正解 B

A 誤り。S3は、オブジェクトストレージサービスであり、データの保存と取得を提供しますが、セキュリティ認証と承認のサービスではありません。

B 正しい。IAMは、AWSが提供するセキュリティ認証と承認のサービスです。IAMを使用すると、AWSリソースへのアクセスを制御するためのポリシーやロールを作成し、ユーザーやグループに適切な権限を付与することができます。

IAMは、ユーザーアカウントの作成・管理や認証情報の管理等、セキュリティに関連する重要な機能を提供します。

C 誤り。EC2は、仮想サーバー（インスタンス）を提供するサービスですが、セキュリティ認証と承認のサービスではありません。

D 誤り。Lambdaは、サーバーレスのコンピューティングサービスですが、セキュリティ認証と承認のサービスではありません。

Q43 │ 正解 A

A 正しい。コスト配分タグは特定のリソースのコストを追跡し、利用状況を分析するためのメタデータです。コスト配分タグをリソースに関連づけることで、コストの起源や使用パターンを把握し、予算管理やコスト最適化のためのデータ分析が可能となります。

B 誤り。セキュリティ上の目的で使用され、アクセス制御を強化するためにはIAMやセキュリティグループ等のほかのAWSサービスが使用されます。

C 誤り。コスト配分タグは、リージョン間のデータ転送に関連するコストを削減するためには使用されません。リージョン間のデータ転送には別の仕組みやサービスが提供されており、コスト配分タグはその役割を持ちません。

D 誤り。コスト配分タグはAWSサービスの利用料金を自動的に調整したり最適化したりする機能を持っていません。コスト最適化には、コストエクスプローラーやトラストアドバイザー等のツールやサービスが使用されます。

Q44 │ 正解 B

Organizationsでは、組織内の複数のアカウントの請求を統合して一括で支払うことができます。これにより、組織全体の請求を簡素化し、効率的な支払い管理が可能となります。アカウントごとに個別の請求書を受け取る必要がなくなるため、請求処理の手間も削減されます。

Q45 │ 正解 B

A 誤り。CloudFrontはコンテンツ配信ネットワーク（CDN）であり、静的および動的なWebコンテンツの高速配信を提供します。

B 正しい。MacieはAWSのセキュリティサービスの一つであり、機密情報や個人情報を自動的に検出、特定し、分類するためのツールです。Macieは機械学習を

活用してデータの機密性や重要度を評価し、機密情報の特定やデータの分類を行います。これにより、顧客データや機密情報の漏洩を防止するための保護策を提供します。

C 誤り。Elastic Beanstalk は、アプリケーションのデプロイとスケーラビリティを簡素化するためのサービスです。

D 誤り。Redshift はデータウェアハウスサービスであり、大規模なデータセットの高速な分析を可能にします。

Q46 ｜ 正解 B

A 誤り。Storage Gateway は、オンプレミス環境と AWS のストレージサービスを接続するハイブリッドストレージソリューションです。主にバックアップ、アーカイブ、ディザスタリカバリ等に使用されます。

B 正しい。Transfer Family は、ファイル転送プロトコルを使用してデータを AWS 上のストレージに安全に転送するためのサービスです。Transfer Family では、FTP（File Transfer Protocol）、FTPS（FTP over SSL/TLS）、SFTP（Secure File Transfer Protocol）のいずれかを使用して、データを AWS の S3 バケットや EFS ファイルシステムに転送することができます。このサービスは、オンプレミスのファイルサーバーや FTP サーバーから AWS へのデータ移行やバックアップ、データ共有等の用途に利用されます。

C 誤り。DataSync は、オンプレミスと AWS の間で大量のデータを高速かつ安全に転送するためのデータ移行サービスです。データ移行やリカバリ、クラウドバースト等に使用されます。

D 誤り。Snowball は、大容量のデータをオフラインで AWS に転送するためのサービスです。物理的なデバイス（Snowball デバイス）を使用してデータを転送し、その後 AWS にデータをアップロードします。

Q47 ｜ 正解 B

A 誤り。Lex は、音声やテキストベースの会話インターフェースを作成するためのサービスです。このサービスを使用すると、自然な言語での対話や質問応答を実現することができます。

B 正しい。Rekognition は、画像やビデオを分析して顔やオブジェクトを検出し、顔認識やラベル付けを行うための AWS のサービスです。このサービスを使用す

ると、画像やビデオ内の顔を識別し、性別、年齢、感情等の属性情報を取得することができます。また、オブジェクトやシーンの検出、テキストの検出、有害なコンテンツの検出等の機能も提供されています。

C 誤り。Pollyは、テキストを自然な音声に変換するためのサービスです。このサービスを使用すると、テキストデータを指定するとそれを合成音声に変換し、音声ファイルとして出力することができます。

D 誤り。Transcribeは、音声をテキストに変換するためのサービスです。このサービスを使用すると、音声データを指定するとそれを自動的にテキストに変換し、テキストデータとして出力することができます。

Q48 | 正解 C

A 誤り。仮想マシンのホスティングサービスは、EC2等のサービスに該当します。これらのサービスを使用すると、仮想マシンをクラウド上でホストし、アプリケーションやサービスを実行することができます。

B 誤り。ファイルストレージサービスは、EFS等のサービスに該当します。これらのサービスを使用すると、複数のインスタンスから共有されるファイルストレージを提供することができます。

C 正しい。AWS AppSyncは、サーバーレスのGraphQLおよびPub／Sub APIを作成し、単一のエンドポイントを通じて安全にデータの照会、更新、公開を行うことで、アプリケーションの開発を簡素化します。

D 誤り。データベースのバックアップサービスは、RDSやDynamoDB等のサービスに該当します。これらのサービスは、データベースのバックアップと復元を簡単に管理するための機能を提供します。

Q49 | 正解 C

A 誤り。CloudTrailはAWSリソースおよびアカウントのアクティビティを監視およびログに記録するサービスです。

B 誤り。Direct ConnectはオンプレミスのネットワークとAWSの直接接続を提供するサービスです。

C 正しい。異なるAWSアカウント間でリソースの共有を簡単に行うためのサービスとしてRAMがあります。RAMを使用すると、ほかのAWSアカウントとリソースを共有できます。これにより、リソースの使用を最適化し、異なるアカウント

間での協力や連携を容易にすることができます。

D 誤り。Elastic Beanstalk はアプリケーションのデプロイと管理を簡素化するサービスです。

Q50 ｜ **正解 D**

A 誤り。EC2 は仮想サーバーを提供するサービスです。

B 誤り。RDS はリレーショナルデータベースを提供するサービスです。

C 誤り。S3 はオブジェクトストレージサービスです。

D 正しい。SNS は、パブリッシュ／サブスクライブモデルに基づいたマネージド型のメッセージ配信サービスです。

Q51 ｜ **正解 A**

A 正しい。DocumentDB は、MongoDB と互換性のあるマネージドドキュメントデータベースサービスであり、既存の MongoDB アプリケーションを移行することなく AWS 上で動作させることができます。

B 誤り。RDS は、リレーショナルデータベースを提供するサービスであり、MongoDB のサポートはありません。

C 誤り。S3 は、オブジェクトストレージサービスであり、データの保存やバッチ処理に利用されますが、MongoDB のサポートはありません。

D 誤り。DynamoDB は、NoSQL データベースサービスですが、MongoDB との直接的な互換性はありません。

Q52 ｜ **正解 C**

A 誤り。RDS は、リレーショナルデータベースを提供するサービスであり、データ分析に特化した機能は持っていません。

B 誤り。S3 は、オブジェクトストレージサービスであり、データの保存やバッチ処理に利用されることがありますが、直接的にデータ分析に特化した機能ではありません。

C 正しい。Redshift は、ペタバイト規模のデータウェアハウスを構築し、高速なクエリとスケーラビリティを提供するマネージドデータウェアハウスサービスです。Redshift は、大規模なデータセットを効率的に分析し、高速なクエリパフォーマンスを実現します。

D 誤り。CloudFrontは、コンテンツ配信ネットワーク（CDN）サービスであり、静的コンテンツの配信を高速化するために使用されますが、データ分析に特化した機能ではありません。

Q53 ｜ 正解 B

A 誤り。インターネット上のトラフィックの可視化と監視は、CloudTrail、CloudWatchによって提供されます。

B 正しい。Global Acceleratorは、グローバルなユーザーエクスペリエンスの向上と高速なアプリケーション配信を実現するためのサービスです。Global Acceleratorを使用することで、ユーザーから最も近いAWSエッジロケーションにトラフィックをルーティングし、高速なアプリケーション配信を実現することができます。

C 誤り。複数のAWSリージョン間でのデータのバックアップとレプリケーションは、Storage Gateway、S3 Cross-Region Replicationによって提供されます。

D 誤り。マルチテナント環境でのセキュリティおよびアクセス管理を強化するためのサービスは、IAM、Organizationsによって提供されます。

Q54 ｜ 正解 C

A 誤り。仮想サーバーのオーケストレーションと管理はSystems Manager、Elastic Beanstalkによって提供されます。

B 誤り。オンプレミス環境とAWSクラウド間のネットワーク接続を確立するためのサービスは、Direct ConnectやVPN接続等が使用されます。

C 正しい。Route53は、DNS（Domain Name System）サービスを提供し、ドメイン名とIPアドレスの名前解決を行います。Route53を使用することで、ドメイン名をIPアドレスに関連付けることや、ロードバランシングやフェイルオーバーの設定等も行うことができます。

D 誤り。ストレージ容量の自動的なスケーリングは、S3、EBSによって提供されます。

Q55 ｜ 正解 C

A 誤り。EFS（Amazon Elastic File System）は、複数のEC2インスタンスから同時にアクセス可能なマネージドなネットワークファイルシステムであり、データの

永続性を持つストレージです。データはEFSに保存されますが、必要な場合には
バックアップと復元を適切に実施する必要があります。

B 誤り。S3は、オブジェクトストレージサービスであり、データの永続性を保証
します。S3に保存されたオブジェクトは耐久性が高く、複数のAZに渡ってデー
タが冗長化されます。

C 正しい。インスタンスストアは、EC2インスタンスに物理的に関連づけられた
一時的なブロックレベルストレージです。インスタンスが停止または終了すると
データが失われるため、永続性を持つストレージとは言えません。

D 誤り。EBS（Amazon Elastic Block Store）は、EC2インスタンスに接続されるブ
ロックレベルストレージであり、データの永続性を持ちます。EBSボリュームは、
EC2インスタンスのライフサイクルに関係なくデータが保持されます。

Q56 │ 正解 B

A 誤り。Redshiftはデータウェアハウスサービスです。

B 正しい。異なるAWSサービス間のイベント統合を可能にするマネージドサービ
スとしてEventBridgeがあります。EventBridgeは、イベント駆動型のアプリ
ケーションやマイクロサービスの開発をサポートするためのサービスであり、異
なるAWSサービスやSaaSアプリケーションからのイベントを受け取り、ター
ゲットとなるAWSサービスにルーティングします。これにより、異なるサービ
ス間でのイベントベースの統合が簡単に行えます。

C 誤り。S3はオブジェクトストレージサービスです。

D 誤り。EC2は仮想サーバーを提供するためのサービスです。

Q57 │ 正解 A

A 正しい。Connectは、クラウド上で動作するコンタクトセンターサービスであ
り、お客様とのコミュニケーションを強化するためのツールや機能を提供します。
コールルーティング、自動応答、カスタマーエクスペリエンスの向上等、様々な
機能を備えています。

B 誤り。S3はオブジェクトストレージサービスです。

C 誤り。EC2は仮想サーバーを提供するためのサービスです。

D 誤り。RDSはリレーショナルデータベースサービスです。

Q58 ｜ 正解 C

A 誤り。CodeCommitはソースコードのバージョン管理サービスです。

B 誤り。CloudFormationはインフラストラクチャのコード化とデプロイをサポートするサービスです。

C 正しい。X-Rayは、アプリケーションの各コンポーネントの相互作用とパフォーマンスを追跡し、可視化するためのサービスです。これにより、開発者はアプリケーション内の問題を特定し、パフォーマンスの向上に役立つ洞察を得ることができます。

D 誤り。CloudFrontはコンテンツ配信ネットワーク（CDN）を提供するサービスです。

Q59 ｜ 正解 B

A 誤り。「サーバーレスなコンピューティングサービス」は、Lambda等のサービスに該当します。これらのサービスを使用すると、サーバーの管理やスケーリングについて心配することなく、コードの実行環境を提供することができます。

B 正しい。Device Farmは、「デバイステストとデバイスファーミングサービス」です。このサービスを使用すると、様々なモバイルデバイスやWebブラウザでアプリケーションのテストを実行することができます。

C 誤り。「バックアップと復元サービス」は、S3やRDS等のサービスに該当します。これらのサービスを使用すると、データやリソースのバックアップと復元を簡単に管理することができます。

D 誤り。「仮想ネットワークサービス」は、VPC等のサービスに該当します。これらのサービスを使用すると、仮想ネットワークを構築し、ネットワークリソースをセキュアに管理することができます。

Q60 ｜ 正解 A

A 正しい。Transcribeは、音声データを自動的にテキストに変換するためのAWSのサービスです。このサービスを使用すると、音声ファイルやストリームデータを指定すると、それを自動的にテキストに変換してくれます。これにより、音声データをテキストデータとして利用し、音声データの内容を検索や解析することが容易になります。

B 誤り。Lexは、音声やテキストベースの会話インターフェースを作成するための

サービスです。このサービスを使用すると、自然な言語での対話や質問応答を実現することができます。

C 誤り。Rekognition は、画像やビデオを分析して顔やオブジェクトを検出し、顔認識やラベル付けを行うための AWS のサービスです。このサービスを使用すると、画像やビデオ内の顔を識別し、性別、年齢、感情等の属性情報を取得することができます。

D 誤り。Polly は、テキストを自然な音声に変換するためのサービスです。このサービスを使用すると、テキストデータを指定するとそれを合成音声に変換し、音声ファイルとして出力することができます。

Q61 │ 正解 B

A 誤り。Config は、AWS リソースの設定の監視、評価、および記録を行うためのサービスです。Config を使用すると、リソースの設定の変更履歴や設定の評価結果を把握し、セキュリティとコンプライアンスのポリシーを確認することができます。

B 正しい。Service Catalog は、AWS リソースの配布と管理を簡素化するためのサービスです。Service Catalog を使用すると、組織内のユーザーに対して、IT チームが承認した AWS リソースやサービスを自己サービス形式で提供することができます。Service Catalog では、カタログと呼ばれるリスト形式のポートフォリオを作成し、その中に事前承認された AWS リソースやサービスを含めることができます。ユーザーはこのカタログから必要なリソースを選択し、必要な構成やパラメータを指定して利用することができます。

C 誤り。CloudFormation は、インフラストラクチャやアプリケーションのリソースをコードで定義し、自動化してデプロイするためのサービスです。CloudFormation を使用すると、テンプレートと呼ばれる JSON または YAML 形式のファイルでインフラストラクチャやリソースの設定を記述し、繰り返しデプロイ可能な環境を構築することができます。

D 誤り。Systems Manager は、AWS リソースの管理と運用を効率化するためのサービスです。Systems Manager を使用すると、インスタンスの管理、パッチ管理、セキュリティの自動設定、リソースの監視等を行うことができます。

Q62 | 正解 C

A 誤り。CloudTrail は AWS リソースの監査ログを提供するためのサービスです。

B 誤り。CloudFormation はインフラストラクチャのコード化とデプロイをサポートするためのサービスです。

C 正しい。Cloud9 は、開発者がオンライン上でアプリケーションのコーディング、デバッグ、実行、およびテストを行うための統合開発環境です。ブラウザを介してアクセスできるため、開発者はどこからでも簡単に開発作業を行うことができます。

D 誤り。CloudFront はコンテンツ配信ネットワーク（CDN）を提供するサービスです。

Q63 | 正解 B

A 誤り。DynamoDB は NoSQL データベースサービスです。

B 正しい。Step Functions は、異なるタスクやサービスを組み合わせてビジネスプロセスやワークフローを定義し、実行するためのサービスです。それぞれのステップを定義し、条件や並列処理等の制御フローを設定することで、タスクの自動化や効率化を実現することができます。

C 誤り。S3 はオブジェクトストレージサービスです。

D 誤り。EC2 は仮想サーバーを提供するためのサービスです。

Q64 | 正解 C

A 誤り。メッセージキューサービスの管理には、AWS の別のサービスである SQS や SNS が使用されます。Storage Gateway は、ストレージリソースの統合に特化しており、メッセージキューサービスの管理には関与しません。

B 誤り。オブジェクトストレージへのデータ移行には、DataSync や Transfer Family 等のサービスが使用されますが、Storage Gateway はそれには直接関与しません。

C 正しい。Storage Gateway は、オンプレミス環境と AWS のクラウドストレージサービス（例：S3、Glacier）との間でデータのシームレスな移行と統合を実現します。これにより、オンプレミスストレージシステムとクラウドストレージの統合を容易にし、データの可用性とスケーラビリティを向上させることができます。

D 誤り。ネットワークトラフィックの監視には、AWS のネットワークモニタリン

グサービスであるVPC Traffic Mirroring等が使用されますが、Storage Gateway
はそれには関与しません。

Q65 | 正解 B

A 誤り。データベースのバックアップと復元にはRDSやS3等のサービスが利用されますが、SQSはその役割を持っていません。

B 正しい。SQSは、メッセージの順序制御と負荷分散の改善に役立つサービスです。SQSは、分散システム間でメッセージを送信、キューイング、受信するための完全マネージド型のメッセージキューサービスです。キューに入ったメッセージは順序を保持し、順番に処理されます。また、複数のコンシューマーがメッセージを取得し、負荷を分散することも可能です。

C 誤り。リアルタイムなデータ分析には、RedshiftやKinesis等のサービスが利用されます。

D 誤り。プライベートなネットワーク接続の確立には、Direct Connect等のサービスが利用されます。

索 引

著者一覧

青柳　雅之（あおやぎ・まさゆき）

アクセンチュア株式会社　テクノロジーコンサルティング本部
金融サービスグループ　アソシエイト・ディレクター

マイクロソフトおよびAWSの日本法人を経て、2017年にアクセンチュアに入社。金融サービスグループにてクラウド全般に関するコンサルティングに従事。2019年にAPN AWS Top Engineersに選定。

烏山　智史（からすやま・さとし）

アクセンチュア株式会社　テクノロジーコンサルティング本部
金融サービスグループ　シニア・マネジャー

日系SIerを経て、2023年にアクセンチュアに入社。金融サービスグループにてクラウド全般に関するコンサルティングに従事。

高橋　悠輔（たかはし・ゆうすけ）

アクセンチュア株式会社　テクノロジーコンサルティング本部
インテリジェントソフトウェアエンジニアリングサービス グループ　マネジャー

エンタープライズシステムのアーキテクチャ設計構築、サイトリライアビリティエンジニアリング、ITコンサルティング等に従事。2023 Japan AWS All Certifications Engineersに選定。

柿沼　力（かきぬま・ちから）

アクセンチュア株式会社　テクノロジーコンサルティング本部
金融サービスグループ　マネジング・ディレクター

マイクロソフトの日本法人にて技術コンサルティングに従事。2018年にアクセンチュアに入社。パブリッククラウドへの基幹システムの刷新のコンサルティングに従事。

酒井　大吉（さかい・だいきち）

(当時) アクセンチュア株式会社　テクノロジーコンサルティング本部
金融サービスグループ　アソシエイト・マネジャー

2019年にアクセンチュアに入社。保険業界・証券業界におけるアプリケーション開発、業務支援、パブリッククラウドへの移行支援等に従事。

田中　宏樹（たなか・ひろき）

(当時) アクセンチュア株式会社　テクノロジーコンサルティング本部
金融サービスグループ　マネジャー

2019年にアクセンチュアに入社。金融業界に関するシステム設計、開発、パブリッククラウドの構築、コンサルティングに従事。

横山　祐樹（よこやま・ゆうき）

(当時) アクセンチュア株式会社　テクノロジーコンサルティング本部
インテリジェント・クラウド・イネーブラー (ICE) グループ　マネージャー

国内大手銀行を経て、2016年にアクセンチュアに入社。ICEグループにてクラウド全般に関するコンサルティング・システムインテグレーションに従事。

独学合格
AWS認定クラウドプラクティショナー
テキスト&問題集

2024年1月30日　初版発行

著者／アクセンチュア株式会社
　　　青柳 雅之／烏山 智史／高橋 悠輔／柿沼 力

発行者／山下 直久

発行／株式会社KADOKAWA
〒102-8177　東京都千代田区富士見2-13-3
電話 0570-002-301(ナビダイヤル)

印刷所／図書印刷株式会社

製本所／図書印刷株式会社

●お問い合わせ
https://www.kadokawa.co.jp/ (「お問い合わせ」へお進みください)
※内容によっては、お答えできない場合があります。
※サポートは日本国内のみとさせていただきます。
※Japanese text only

定価はカバーに表示してあります。

©Accenture Global Solutions Limited 2024　Printed in Japan
ISBN 978-4-04-604711-3　C3055